# 인간을
# 읽어내는
# 과학

# 인간을
# 읽어내는
# 과학

## 1.4킬로그램 뇌에 새겨진 당신의 이야기

건명원建明苑 강의 | 김대식 지음

21세기북스

# 서문

지금까지 인류의 역사에는 많은 일들이 있었습니다. 전쟁과 학살, 파괴 등 인류를 고통 속에 빠뜨리는 잔혹하고 추악한 일들이 벌어져왔습니다. 반면 예술과 과학 등 인류의 삶을 이롭게 하는 아름다운 것들도 있었습니다. 물론 독재를 미화하는 예술과 전쟁에 동원되는 과학도 빼놓을 수는 없습니다. 이 모든 것이 모여 지금까지 인류의 역사가 되었습니다.

그렇다면 앞으로는 어떻게 될까요? 우리는 과연 어떤 미래를 살게 될까요?

우리 인류가 문명을 가진 존재로 살아온 지 1만 년가량 되었습니다. 그렇다면 1만 년 후 인류는 어떤 모습일까요? 우리같이 평범한 사람들이 상상하기에 너무나 먼 미래라면, 1000년, 아니 100년 후 미래를 상상해봅시다. 100년 뒤에는 무엇이 등장할까요?

인공지능일지도 모릅니다. 설사 인공지능이 아니더라도 그때의 인류는 더 이상 우리가 알고 있는 존재가 아닐지도 모릅니다. 인간이라면 기본적으로 갖고 있어야 하는 희망과 고민과 생각이 없을

지도 모릅니다. 그렇다면 우리가 더 이상 지금의 인간이 아니고 문명을 가진 최강자가 아닐 때의 모습은 과연 어떨까요? 우리를 둘러싼 현실은 또 어떻게 변화되어 있을까요? 도무지 상상이 되지 않습니다.

먼저 두 개의 장면을 보겠습니다. 일요일 아침, 표범이 어슬렁거리며 거리로 나온다고 상상해봅시다.

때마침 표범의 눈앞에 오스트랄로피테쿠스나 호모 에렉투스가 나타납니다. 이들은 표범에게는 힘들여 사냥할 필요가 없는 손쉬운 먹잇감에 불과합니다. 고생물학자들은 수많은 고대 인간의 두개골에서 많은 구멍을 발견했는데, 구멍의 크기나 모양이 표범의 이빨과 딱 맞아떨어졌다고 합니다. 이는 그 옛날 우리 인류가 표범의 브런치 감에 지나지 않았음을 보여줍니다. 말하자면 '에그 베네딕트'가 아니라 '에그 에렉투스'였던 셈이지요. 이렇듯 인류가 동물의 먹잇감에 불과했던 것은 몇 십만 년 전 또는 기껏해야 수백만 년 전의 일이었습니다.

이후 동물과 인류의 운명은 완전히 달라졌습니다. 아래 그림은 호랑이가 동물원 우리 안에 들어가 있는 장면입니다. 우리를 브런치 감으로나 여겼던 육식 동물은 이제 한낱 구경거리로 전락했습니다.

독일 시인 라이너 마리아 릴케Rainer Maria Rilke의 시 「표범Der Panther」(1902)의 한 구절이 생각나는 장면입니다.

*눈앞으로 지나치는 창살에*

*지쳐버려, 더 이상 아무것도 잡히지 않더라.*

*그에게는 오직 수천 개의 창살만 있는 듯하니*

*수천 개의 창살 뒤에 세상은 없는 것 같더라.*

두 장면은 우리 인류와 동물의 운명이 역전되었음을 단적으로 보여줍니다. 인간보다 강했던 동물이 동물원에 갇혀 구경거리가 되거나 삼겹살 같은 고깃덩어리가 되는 일들은 왜 벌어졌을까요? 그사이 대체 어떤 일이 있었던 걸까요?

인류는 창이나 총 같은 무기를 만들었습니다. 무기를 사용함으로써 동물과 싸워 이길 수 있었고, 동물을 먹잇감으로 삼을 수 있었습니다. 이렇게 창에서 시작된 도구로 인간과 동물의 갑을 관계가 완전히 뒤바뀌었습니다. 물론 총이 없다면 우리는 또다시 동물의 점심거리가 될지도 모르지요.

이런 엄청난 역전 현상에 관해 많은 고민을 한 분이 있습니다. 바로 영화감독 스탠리 큐브릭Stanley Kubrick입니다. 큐브릭이 만든 〈2001 스페이스 오디세이2001: A Space Odyssey〉(1968)에는 인류가 동물에서 인간으로 진화하는 과정이 상징적으로 그려져 있습니다.

슈트라우스Richard Strauss의 클래식 음악인 〈차라투스트라는 이렇게 말했다Also sprach Zarathustra〉가 배경으로 깔릴 때 나오는 장면이 있습니다. 바로 원숭이가 뼈를 깨부수는 장면입니다. 원숭이가 뼈를

갖고 신나게 놉니다. 그러다 뼈 하나를 손에 쥐고 다른 뼈들을 내리칩니다. 순간 불현듯 무엇인가를 느낍니다. 원숭이는 무엇을 느꼈을까요? 뼈를 사용하면 단단한 물건을 깰 수 있다는 것이 아니었을까요? 도구로 다른 동물들을 때려잡을 수 있으며 죽일 수도 있다는 것이 아니었을까요?

다음은 스페인의 대표적인 화가 프란시스코 데 고야Francisco de Goya의 동판화 〈거인The Colossus〉(1808)입니다(〈거인〉을 소장하고 있는 마드리드 프라도 미술관 수석 큐레이터 마누엘 메나Manuel Mena는 2008년 이 작품이 고야가 아닌 그의 제자 아센시오 훌리아Asensio Julia가 그린 작품이라고 주장한 바 있습니다. 하지만 세계적 고야 전문가인 나이젤 글렌디닝Nigel Glendinning은 메나의 주장은 지극히 주관적이며, 〈거인〉은 고야의 작품이 맞다고 반박했지요. 2009년 스페인 대학 단체와 전문가들은 글렌디닝의 해석을 지지한다는 서명을 발표했습니다). 이 동판화는 끔찍했던 중세 유럽의 상황을 적나라하게 보여주고 있습니다.

책에서는 맨날 착하게 살아야 한다고 하지만 실제 우리 인류의 역사와 현실은 잔혹하고 고통스럽기 짝이 없습니다. 어떻게 보면 지금 인류가 이 정도 평화롭게 사는 것이 신기할 정도로 우리의 역사는 대부분 피와 학살의 역사였습니다. 우리는 서로 떨어져 살고 있어서 다른 사람이나 다른 나라의 고통을 잘 실감하지 못합니다. 예를 들어 지금도 벌어지고 있는 시리아 내전의 참상을 신문이나

인터넷에서 읽고도 바로 못 본 척합니다. 남의 일로만 치부하고 외면해버리는 것입니다. 하지만 우리 모두가 외면한다 해도 인류의 잔인함은 여전히 우리의 현실 깊숙이 남아 있습니다. 이 그림에서 '거인'은 신일 수도 있고 인간 이성일 수도 있습니다. 고야는 이 존재가 등을 돌려 우리를 외면하도록 그렸습니다. 그러면서 우리에게 "너희는 대체 왜 그러냐?"는 질문을 던지고 있는 것입니다.

그렇습니다. 우리는 포기할 수도 있습니다. 잔인한 현실을 외면할 수도 있습니다. 이 문제에 관해 테슬라 사社의 대표이자 실리콘밸리 최고의 혁신가로 인정받는 엘론 머스크Elon Musk는 많은 고민을 한 것 같습니다. 우리 인류를 포기하고 화성으로 떠나겠다고 합니다. 호모 사피엔스에게 더 이상 미래가 없다고 생각하기 때문입니다. 이렇게 뛰어난 기술을 만들어놓았는데 이것으로 더 크고 시끄럽게 싸울 뿐이니까요. 냉정하게 말하면 우리 인간은 원시 시대에서 한 발짝도 벗어나지 못했습니다. 첨단 기술과 무기만 있을 뿐 여전히 잔인하고 호전적입니다. 머스크가 화성에 가서 살겠다고 한 것도 그 때문이겠지요.

하지만 인류의 고향, 지구를 포기하고 화성으로 도망가는 것이 과연 최고의 선택일까요? 물론 화성으로 이주할 능력도, 재산도 없기에 이렇게 주장하는지도 모르겠지만, 저는 지구와 인류를 포기해서는 안 된다고 생각합니다. 왜냐하면 인류는 추한 것뿐만 아니라 아름다운 것도 많이 만들어냈기 때문입니다. 보티첼리Sandro Botticelli, 모딜리아니Amedeo Modigliani, 르누아르Pierre-Auguste Renoir의 그림들을 떠올려보세요. 이토록 아름다운 것들을 만든 존재는 다름 아닌 호모 사피엔스입니다. 우리에게는 추함과 아름다움, 잔인함과 선함 같은 양면성이 동시에 존재합니다. 즉 호모 데카당스homo decadence와 호모 스피리투알리스homo spiritualis가 동시에 존재하는 모순적인 존재입니다.

그리고 가장 흥미로운 사실은 이 같은 양면성과 모순이 한 시대나 나라에만 있는 것이 아니라는 점입니다. 우리 한명 한명의 머릿속에도 존재합니다. 지금 이 글을 읽고 있는 독자, 그리고 이 글을 쓰고 있는 제 머릿속에도 동시에 존재하는 모순입니다. 뇌과학자인 저는 어떻게 '지킬과 하이드'가 우리의 머릿속에 동시에 존재할 수 있는지 궁금합니다. 우리가 어떻게 천재적인 행동을 하는 동시에 잔인하기 그지없는 행동까지도 서슴없이 할 수 있는지 알고 싶은 것이지요.

자, 그럼 이제부터 그 물음에 대한 답을 찾아가보겠습니다.

2017년 3월

김대식

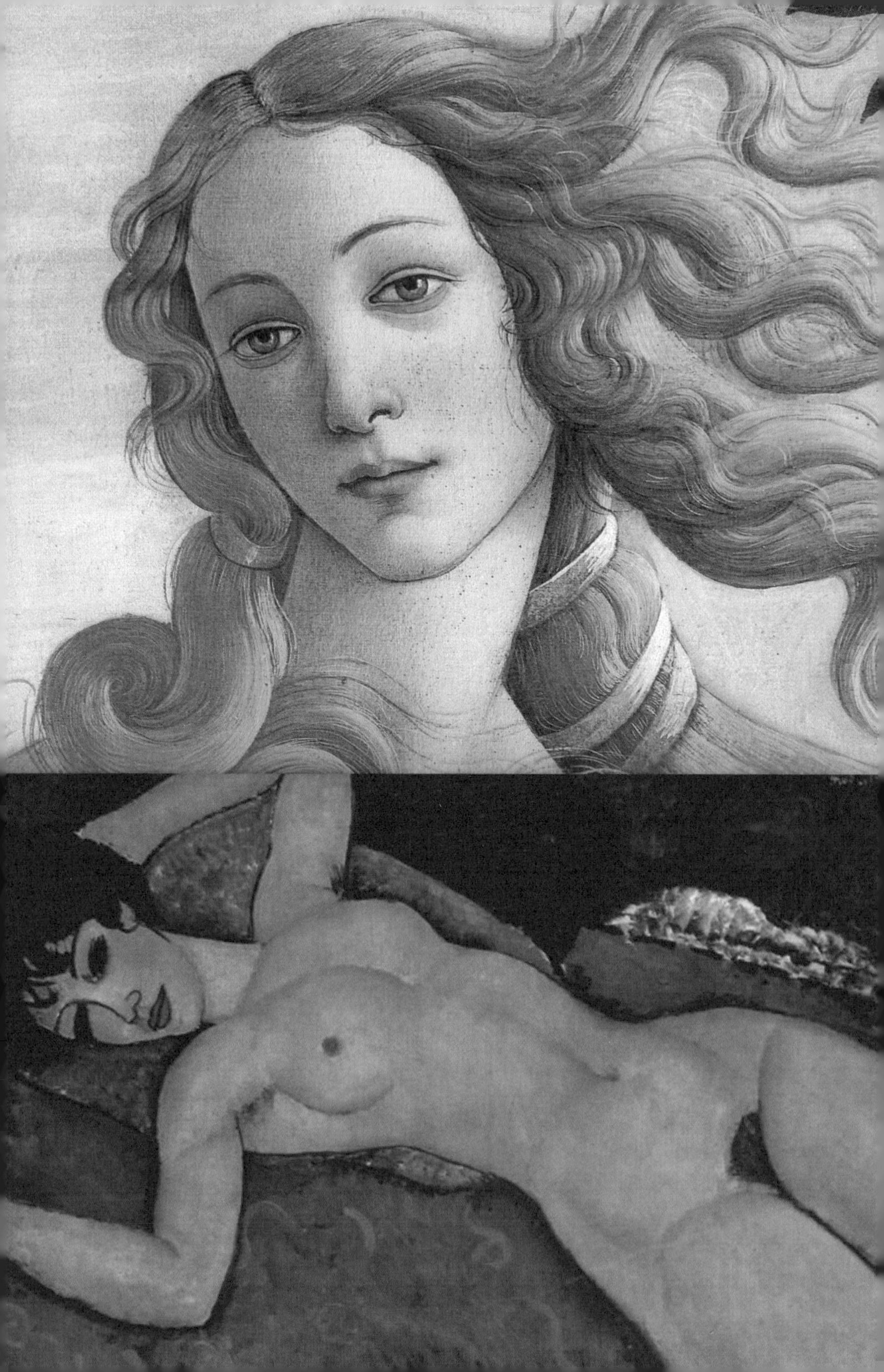

Renoir 76.

## 차례

## 2강 뇌와 정신 ‘나’는 합리적인 존재인가

## 3강 뇌와 의미 '나'는 의미 있는 존재인가

## 4강 뇌와 영생 'ㄴ'는 영원한 존재인가



## 5강 뇌과학자가 철학의 물음에 답하다

# 1강

# 뇌와 인간

# ‘나’는 존재하는가

지금 이 순간에도 강렬하게 느낄 수 있는 나라는 존재는 무엇일까?
나라는 존재는 지금 내가 알고 있는 나일까? 내가 알고 있다고 믿고 있는 나일까?
이것도 아니면 무엇을 모르는지도 모르는 존재에 불과할까?
‘나’를 ‘나’라고 생각할 수 있는 분명한 근거는 내 몸에서 결코 변하지 않는 단 하나,
바로 뇌세포 때문이다.
우리는 뇌를 통해 나로서 살아간다.

# 01

## 나는 어디에 있는가

나는 뇌의 피질에 존재한다

현대 철학은 물론 현재 모든 분야에서 주도권을 쥐어온 것은 결국 서양입니다. 영국 사람들이 한복을 입고 있는 게 아니라 우리가 '양복'을 입게 되었으니 말입니다. 서양이 주도권을 쥐고 선도해왔던 지난 200~300년 동안, 우리는 그 뒤를 따라잡기 위해 계속해서 달려왔습니다. 이제는 잠시 멈춰 서서 우리 자신을 둘러볼 필요가 있습니다. 지금 우리에게 필요한 것은 무엇일까요? 바로 자기 주도적인 생각과 철학적인 대화입니다. 그 이유는 산업 구조의 거대한 변화가 앞으로 또 한번 있을 것으로 믿기 때문입니다. 또한 그러한 변화 속에서 자기 주도적 생각과 철학이야말로 게임의 새판을 우리 위주로 짤 수 있는 가장 좋은 방법이기 때문입니다.

## 나는 뇌 없이는 불가능한 존재

지난 게임에서는 우리가 졌습니다. 힘 한번 써볼 새도 없이 끝나버렸습니다. 그렇게 근대화를 너무 늦게, 그것도 잘 못하는 바람에 우리는 엄청난 고생을 했습니다. 반면 옆 나라 일본은 우리보다 20년 일찍 근대화하여 성공을 거두었습니다. 이들의 침략으로 우리는 불행의 역사를 경험하면서 근대화도 늦게 시작할 수밖에 없었습니다. 하지만 해방 이후 압축 성장을 통해 엄청난 발전을 이루었습니다. 이것을 우리는 한강의 기적이라고 부릅니다.

과학자인 저는 이 세상에 기적은 존재하지 않는다고 생각합니다. 우리가 기적이라고 부르는 것은 사실 기적같이 보이는 것에 불과합니다. 기적으로 보일 만큼 혹독한 대가를 치렀다는 뜻입니다. 무슨 대가를 치렀는지는 우리 자신이 잘 알고 있습니다. OECD 국가들 중 자살률 일등, 행복 지수 꼴등이 그 증거입니다. 급격한 근대화와 엄청난 압축 성장을 위해 우리는 개인의 행복 지수를 대가로 지불할 수밖에 없었습니다. 그러다 보니 오늘날 우리는 만성 피로에 찌들어 있고, 금수저 흙수저 논란에 동기 부여도 없는 시대를 살고 있습니다. 역사의 아이러니입니다. 우리는 이제 겨우 도착해서 헐떡거리고 있는데 유럽과 미국은 또다시 수십 년 앞서가고 있으니까요.

하지만 우리에게는 미래가 있습니다. 카드 게임에 비유하면, 저는 카드를 다시 섞는 그 리셔플링reshuffling의 핵심이 인공지능 기술이라고 생각합니다. 할리우드 영화에 단골로 등장하던 인공지능. 최근 급격히 발달한 기계 학습 덕분에 어느덧 4차 산업혁명의 핵심 요소로 불리고 있습니다.

그런데 인공지능이란 도대체 무엇일까요? 말 그대로 지능을 만들어내는 것입니다. 세상을 인식하고, 과거를 기억하고, 미래를 계획하는, 우리 호모 사피엔스만의 고유 영역이 바로 지능입니다. 이 지능은 도대체 어떻게 만들어지는 걸까요? 여전히 현대과학 최고의 미스터리 중 하나입니다. 하지만 분명한 것은 지능, 정신, 그리고 자아 모두 뇌 없이는 불가능하다는 점입니다. '나'라는 존재는 뇌 없이는 불가능하고, 지금까지는 언제나 뇌가 있어야만 지능 역시 가능했습니다. 그런데 인공지능은 인류 역사상 처음으로 호모 사피엔스의 뇌 없이 지능을 만들어보겠다는 시도입니다.

뇌의 구조와 기능을 연구하는 학문이 바로 '뇌과학'입니다. 뇌과학은 생물학적 자연과학이면서 동시에 철학적 질문을 던지는 인문학적 성격도 가지고 있습니다. 그뿐만이 아닙니다. 아인슈타인의 천재적인 행동도, 히틀러의 악마 같은 행동도 모두 뇌에서 나옵니다. 인간의 창의성과 도덕 그리고 윤리, 결국 모두 뇌라는 생물학적인 원인을 가지고 있다는 주장입니다.

예를 들어 파킨슨병Parkinson's disease은 흑질substantia nigra이라는 뇌의 신경세포가 파괴되면서 발생하는 퇴행성 질환입니다. 흑질은 우리 몸에서 근육 및 운동 제어를 돕는 신경 전달 물질인 도파민dopamine을 생성합니다. 그런데 세포의 파괴가 진행되면 자연히 도파민의 생성도 줄어들면서 몸의 운동 능력도 저하됩니다. 파킨슨병 환자는 흑질이 망가진 탓에, 뇌는 걷겠다는 명령을 내리지만 걷지 못한 채 제자리에 멈춰 서 있습니다. 걷는 것 같은 단순한 동작뿐만이 아닙니다. 인간의 모든 것은 결국은 뇌가 제대로 작동해야 가능해집니다.

알렉산더 루리야Alexander Luria라는 구소련 심리학자가 쓴 『지워진 기억을 쫓는 남자The Man with a Shattered World』라는 책이 있습니다. 2차 대전 때 해마Hippocampus가 망가져 기억이 상실된 사람을 25년 동안 관찰하여 기록한 책입니다. 뇌의 측두엽temporal lobe 아래편 양쪽에 하나씩 붙어 있는 해마는 장기적인 기억과 공간 개념을 조절하는 역할을 합니다.

루리야는 기억상실증 환자를 통해 기억이란 무엇인가라는 문제를 뇌과학적 관점에서 설명하고 있습니다. 기억상실과 실어증을 앓고 있던 자세스키라는 환자는 기억과 생각이 떠오를 때마다 메모를 했다고 합니다. 그런데 기억과 생각이 머릿속에 맴도는 순간에도, 자신이 생각을 하거나 기억을 떠올리고 있다는 사실조차 알지 못했다고 합니다. 이 역시 뇌 손상의 결과로 뇌가 우리에게 얼마나 중요한지 증명하는 사례입니다.

## 나는 심장이 아닌 머리에 있다

대학원에 들어간 얼마 후 교수님께서 뇌 수술을 시키신 적이 있었습니다. 물론 동물의 뇌 수술이었습니다. 마취 상태 동물의 두개골을 열어보라는 말씀에 난생 처음 두개골을 열어 제 눈으로 직접 뇌를 보았습니다. 놀랍게도 뇌 속에는 신기한 것이 하나도 없었습니다. 두개골 속 뇌는 그저 1.4킬로그램짜리 고깃덩어리일 뿐이었습니다. 마트에서 쉽게 볼 수 있는 고깃덩어리. 물컹물컹 징그럽게 생기고, 혈관이 얽혀 있으며 힘줄 덩어리인…. 뇌 속에는 오직 $10^{11}$ 정도의 신경세포가 있고, 이 신경세포들은 수천수만의 다른 세포들과 연결되어 $10^{15}$가량의 복잡한 네트워크를 형성하고 있습니다. 바로 이러한 뇌를 가지고 우리는 우주에 대해 생각하고 존재에 대해 탐구합니다. 저도 뇌가 있으니 이 책을 쓰고 있는 것이고, 여러분도 뇌가 있으니 이 책을 읽을 수 있는 것입니다.

사실 뇌에 관한 생각은 '나'라는 존재에 대한 관심과 맞닿아 있습니다. 아주 오래전부터 우리 인간은 나는 누구이며 어디서 생겨나는지, 육체적 존재인지 아니면 정신적 존재인지에 관한 질문을 던져왔습니다. 지금까지 인류 역사에서 만들어진 철학과 과학, 예술 작품들은 모두 이러한 질문들에 대한 나름의 답변이었습니다.

고대 그리스 시대부터 아니 그 이전부터 나라는 존재의 의식, 정신 등은 심장에서 만들어진다고 생각해왔습니다. 나라는 존재가 뇌의 작용이라는 사실이 밝혀진 것은 그리 오래 되지 않았습니다. 어쩌면 우리는 그저 1.4킬로그램의 고깃덩어리에 불과한 뇌보다는 매 순간 살아 펄떡이는 따뜻한 심장을 더 선호하는지도 모릅니다.

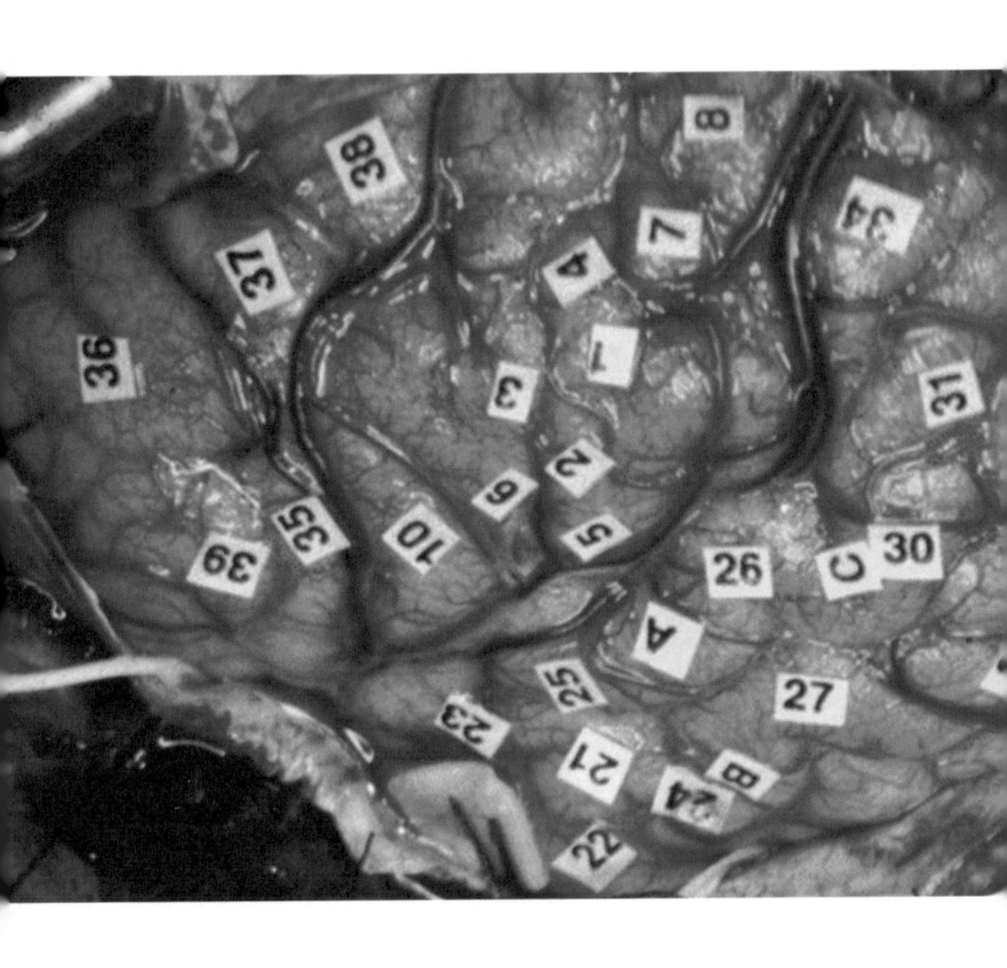
38
37
36
8
7
4
1
3
2
5
10
35
39
34
31
26
C
30
A
27
25
23
21
B
24
22

부모를 여의면 가슴이 아프다고 말하고, 자식을 먼저 보내면 가슴에 묻는다고 말하는 것도 이 때문 아닐까요.

그렇다면 과거에는 뇌를 어떻게 해석했을까요? 또 나라는 존재가 어디서 만들어진다고 생각했을까요? 그리스 로마 시대로 돌아가보겠습니다. 그리스인들은 이 세상에 존재하는 모든 것들에 관해 많은 생각을 한 사람들입니다. 특히 '생각'에 대해, 그리고 삶과 죽음에 대해 많은 생각을 했습니다. 죽음의 상황을 상상해봅시다. 죽기 5분 전의 나와 죽은 지 5분 후의 나는 눈으로 보기에는 차이가 없습니다. 아직 썩지 않았으니까요. 그런데 그리스인들은 차이가 있다고 보았습니다. 죽자마자 없어지는 것이 있는데 그것이 바로 숨(공기)이라고 생각했습니다. 즉 삶과 죽음의 차이를 만드는 것은 숨이며, 이 숨으로 살아 있을 수 있다는 것이었지요.

살아 있다는 개념에는 두 가지 의미가 있다고 보았습니다. 육체적으로 살아 있는 것이 하나입니다. 이럴 때의 숨을 그리스인들은 생명의 공기vital air라고 불렀습니다. 이 점에서는 인간과 동물이 다를 바 없습니다. 인간도 숨을 쉬지만 동물도 숨을 쉬기 때문이지요. 이럴 경우 인간과 동물은 차이가 없어집니다. 인간으로서의 고유한 특성이 없어진다는 뜻입니다.

여기서 두 번째 의미가 생겨납니다. 즉 정신적으로 살아 있는 것입니다. 인간이 동물과 다른 것은 생각을 할 수 있다는 점입니다. 이렇게 생각을 하는 인간이 쉬는 숨을 그리스인들은 정신의 공기psychic air라고 불렀습니다. 참으로 대단한 분들입니다. 현미경도 실험 도구도 없이 논리적인 생각만으로 이런 훌륭한 이론을 만들어냈으니 말이지요.

이후 뇌에 관한 해석은 두 학파로 나뉩니다. 아리스토텔레스 학파와 플라톤 학파가 그것입니다. 아리스토텔레스는 생각 즉 정신적인 공기가 심장에서 만들어진다고 보았다면, 플라톤은 머리에서 만들어진다고 보았습니다. 아리스토텔레스가 생각이 심장에서 만들어진다고 본 데는 이유가 있었습니다. 아무리 생각을 하고 화를 내도 뇌는 반응하지 않는데 심장만은 반응한다는 것이었지요. 인간과 밀접한 상호 관계가 있어 보이는 육체 기관이 심장이라는 점을 들어, 그는 생각이란 결국 심장에서 만들어진다는 결론을 내렸습니다. 아리스토텔레스의 해석은 중세 때까지 이어져, 뇌보다 심장이 가장 중요하다는 생각이 널리 퍼졌습니다. 하지만 이는 잘못된 길임이 나중에 밝혀졌습니다.

아리스토텔레스와 다르게 플라톤은 생각은 심장이 아닌 뇌에서 만들어진다고 보았습니다. 사람의 심장에 화살이 꽂혀도 한동안 살아 있으며, 동물도 심장을 빼낸 상태에서도 한동안 살아 있다는 것이 근거였습니다. 플라톤은 인간이 하는 일을 성적인 것, 흥분되는 것, 이성적인 것으로 나눴습니다. 그런 다음 성적인 것은 간에서, 흥분되는 것은 심장에서, 그리고 이성적인 것 또는 논리적인 생각은 머리에서 만들어진다고 했습니다. 결국 현재까지 살아남은 것은 아리스토텔레스의 생각이 아닌 플라톤의 생각입니다.

페르가몬의 클라우디우스 갈렌Claudius Galen은 공기가 어디서부터 오는지 생각했습니다. 갈렌은 현대 의학의 창시자로 그리스인들이 막연히 생각만 한 것을 이론으로 만들어냈습니다. 공기는 우리 몸 바깥에서 입을 통해 허파로 들어온 다음 심장으로 가서 피와 섞입니다. 여기까지는 인간과 동물이 다를 바 없습니다.

인간과 동물의 차이점을 찾던 그는 공기에는 세 가지가 있다고 생각했습니다. 우선 자연에 존재하는 공기가 있습니다. 이 자연의 공기가 몸속으로 들어오면 심장과 섞여 생명의 공기로 바뀝니다. 이 생명의 공기가 큰 힘줄을 통해 뇌로 들어오면 정신의 공기로 바뀝니다. 즉 자연의 공기가 생명의 공기가 되고 마지막에는 정신의 공기가 된다는 것이지요. 갈렌은 정신의 공기가 뇌 속의 빈 공간인 뇌실cerebral ventricle로 들어간다고 생각했습니다. 뇌 속에는 각 부분이 연결된 빈 공간이 있는데 이 빈 공간을 뇌실이라고 부릅니다. 갈렌은 인간의 다양한 성격과 능력이 다양한 뇌실을 통해 만들어진다고 믿었습니다.

### 나는 뇌실이 아닌 피질에 있다

갈렌 이후 뇌 해석은 또 한번 갈라집니다. 뇌실파와 피질cerebral cortex파가 그것입니다. 뇌실파란 뇌실로 생각을 한다는 것으로 중

세 때 널리 퍼진 해석입니다. 뇌실에는 액체로 차 있는 네 개의 공간이 있습니다. 뇌실파는 공간 속 액체가 생각으로 이루어져 있다고 보았습니다. 하지만 뇌실파에서 중요하게 여긴 이 액체는 소금물에 불과합니다. 뇌실파와 다르게 피질파는 뇌 표면 쪽에 위치한 피질을 통해 생각이 가능해진다고 주장했습니다. 결국 맞는 길을 제시한 것은 피질파로 밝혀졌습니다.

중세에 와서야 제대로 된 해부가 가능해지면서 피질의 중요성이 부각되었습니다. 해부학의 창시자로 알려져 있는 안드레아스 베살리우스Andreas Vesalius라는 벨기에 의사는 개의 뇌를 해부하는 실험을 했습니다. 뇌를 망가뜨리자 개가 움직이지 못해 난리가 났다고 합니다. 당시는 마취 기술이 없는 탓에 개는 물론 사람도 마취 없이 수술하던 시절이었습니다. 실험 끝에 뇌실이 아닌 피질이 중요하다는 사실을 알아냈습니다. 베살리우스는 정교한 해부학 삽화로도 유명합니다. 지금 우리가 보기에는 잔인하기 짝이 없지만, 사진이 존재하지 않았던 당시, 신체 구조에 대한 정확한 정보를 전달하기 위한 최고의 방법이었을 듯합니다.

갈렌과 베살리우스 이후 중요한 역할을 한 이로는 데카르트René Descartes를 들 수 있습니다. 데카르트는 철학자이면서 뛰어난 수학자이기도 했습니다. 데카르트의 많은 혁신 중 하나는 고대 그리스의 기하학geometry과 아랍의 대수학algebra을 합쳐 해석 기하학analytic

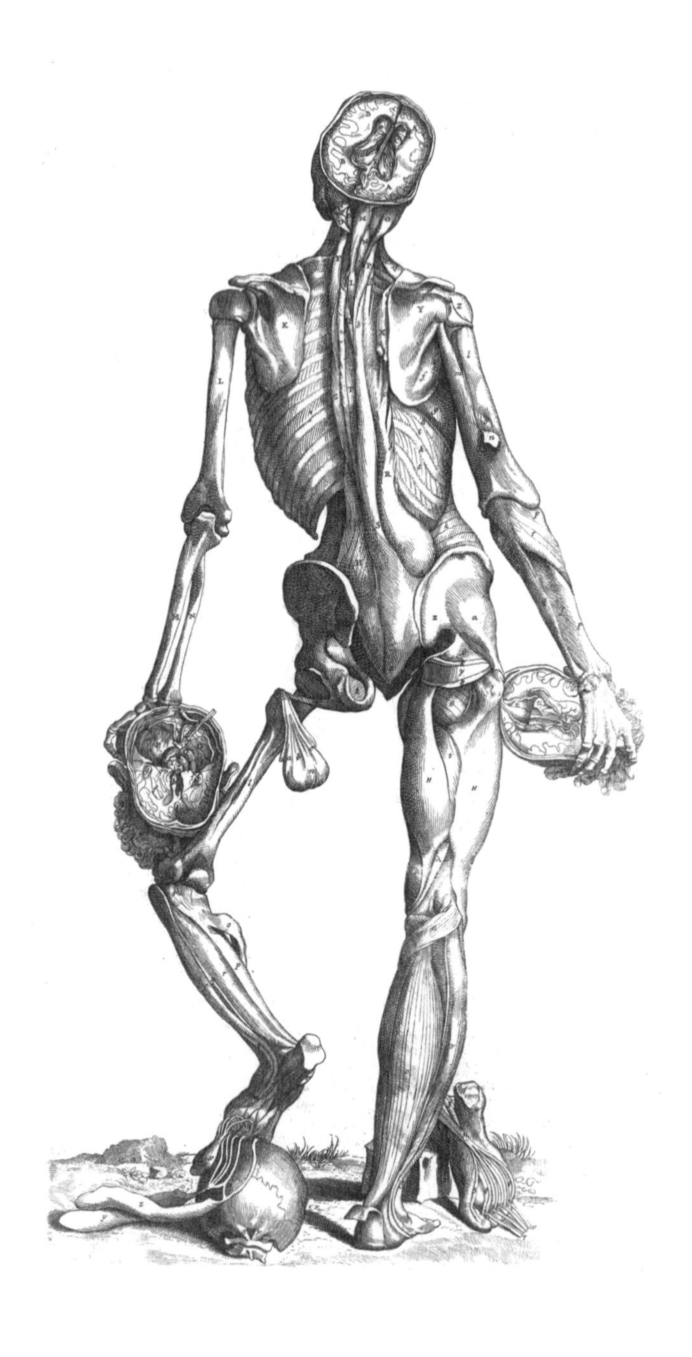

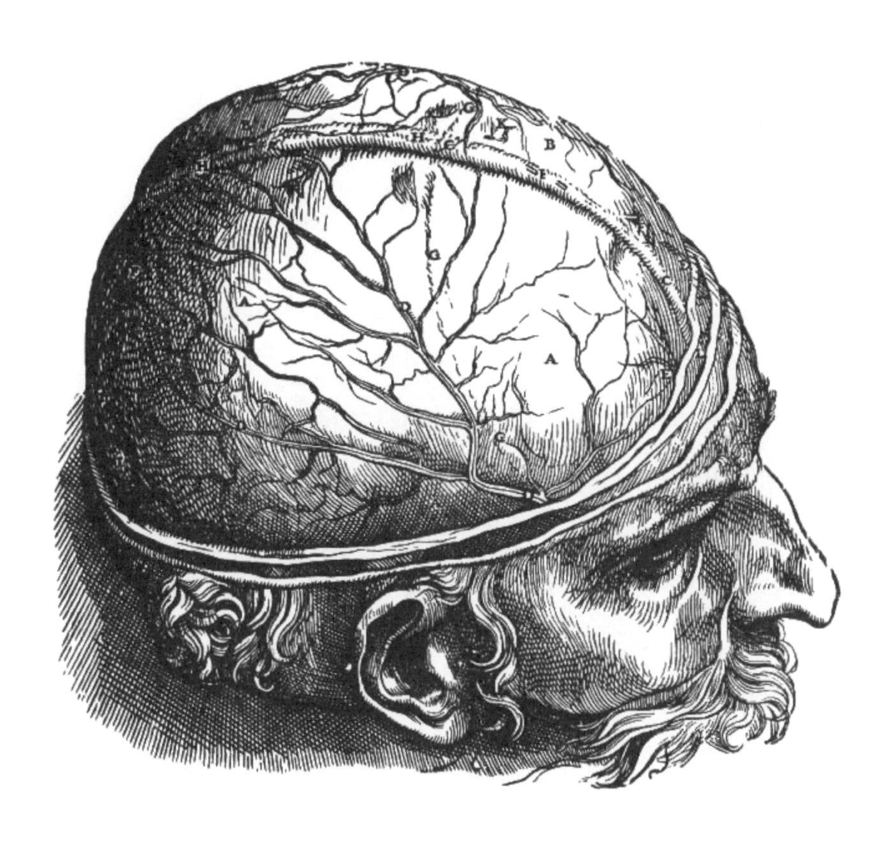

geometry을 만들었다는 것입니다. 고대 그리스에서도 수학은 발달했지만 기하학 분야에 한정되어 있었습니다. 그리스어는 숫자 자체의 코딩이 잘못되어 계산을 할 수가 없었기 때문이지요. 그렇다면 우리는 언제부터 0, 1, 2, 3 같은 오늘날의 숫자를 사용하기 시작한 걸까요? 그것은 바로 뛰어난 수학자이자 무역 상인이었던 레오나르도 피보나치Leonardo Fibonacci 덕분입니다.

지중해 여러 나라의 방문 경험이 있던 피보나치는 인도-아랍인들이 당시 유럽인들과는 다른 숫자를 사용한다는 사실을 알게 되었습니다. 그리스 수학 전통을 이어받은 로마와 중세기 유럽에서는 수를 상징을 통해 표현했습니다. 예를 들어 2017년은 M=1000, X=10, V=5, I=1 라는 기호를 통해 MMXVII로 쓸 수 있습니다. 그렇다면 2017+8은 어떻게 쓸 수 있을까요? MMXVII+VIII=? 답이 쉽게 나오지 않습니다. 그러다 보니 중세 유럽에서는 손이나 아바쿠스abacus라 불리는 로마식 주판을 사용해 먼저 계산을 한 뒤 결과를 적는 이중 작업을 해야 했고, 이때부터 글을 쓰는 것 자체가 회계가 되었습니다.

피보나치가 경험한 인도-아랍 숫자의 핵심은 1, 2, 10, 100 같은 숫자가 상징이 아니라, 순서만 맞추면 주판을 두들기듯 계산을 할 수 있는 도구라는 점에 있습니다. 『계산서Liber abaci』라는 책을 통해 피보나치는 인도-아랍 숫자의 우월성을 수계受繼했고, 바로 앞의 2개 숫자를 더하면 얻어낼 수 있는 그 유명한 '피보나치 수열: 1, 1,

2, 3, 5, 8, 13, 21, 34, 55, 89…' 역시 이 책을 통해 처음 소개하였습니다(피보나치는 이 수열을 통해 2마리로 시작한 토끼의 번식 속도를 표현하고자 했다고 알려져 있습니다).

인도-아랍인들의 숫자는 참으로 편리한 도구였습니다. 그런데 여기서 문제가 하나 생깁니다. 유럽인들은 이미 고대 그리스인들이 개발한 기하학이라는 훌륭한 도구를 가지고 있었습니다. 그리고 기하학을 사용하면 복잡한 수학적 논쟁을 '증명'을 통해 검증할 수 있었지요. 하지만 숫자 간의 관계를 방정식으로 표현하는 대수학은 달랐습니다. 당시 기술로는 대수학적 명제를 증명하기가 매우 까다로웠으니 말입니다.

여기에 데카르트가 등장합니다. 숫자와 기하학, 도무지 절대 연관성이 없어 보이는 이 두 가지를 데카르트가 통합합니다. 바로 그래프 원리를 만듦으로써 수식이나 숫자를 시각화할 수 있게 한 것입니다. 예를 들어 직경이 1인 단위원單位圓은 바로 $x^2+y^2=1$이라는 간단한 수식으로 표현할 수 있다는 사실입니다.

기하학과 대수학을 융합한 데카르트의 창의성. 그의 혁신적 마인드는 철학과 뇌과학에서도 큰 역할을 합니다. 우선 데카르트는 생명의 공기와 생각의 공기가 다르다는 점에 주목했습니다. 본질적으로 다른 두 공기가 어떻게 섞일 수 있을까 고민하던 끝에 그는 다음과 같은 결론을 내렸습니다. 즉 육체적인 것들은 4차원의 세계에 살지만, 정신적인 것들은 1차원의 세계에 산다는 것이었습니다.

왜 4차원일까요? 모든 물질은 3차원적인 공간을 차지하고 동시에 시간이라는 1차원적인 흐름의 영향도 받고 있기 때문입니다. 육체적인 것이 4차원적이라면 정신적인 것은 어떨까요? 인간은 공간적 존재이면서 과거와 현재와 미래를 살고 있는 시간적 존재이기도 합니다. 육체가 시간의 흐름을 살듯이 정신도 시간의 흐름을 삽니다. 하지만 육체와 다르게 정신은 공간을 차지하지는 않습니다. 정신이란 어디에 있는지 알 수 없는 것이기 때문입니다. 곧, 정신은 시간이라는 1차원에서만 존재한다는 의미입니다.

데카르트는 정신적인 것과 육체적인 것을 본질상 다른 것으로 보았습니다. 이를 설명하기 위해 레스 엑스텐자res extensa와 레스 코기탄스res cogitans라는 개념을 만들었습니다.

그에 따르면 뇌 또는 물체는 레스 엑스텐자, 즉 공간을 차지하는 물질적인 것이라면 정신은 레스 코기탄스, 즉 공간을 차지하지 않는 정신적인 것입니다. 예를 들어 팔을 움직이는 행위는 레스 엑스텐자의 영역이라면 팔을 들고 싶어 하는 나의 의지는 레스 코기탄스의 영역입니다. 그런데 여기서 의문이 생깁니다. 4차원적인 것이 어떻게 1차원적인 것과 상호 작용을 할 수 있으며, 또 자유 의지가 가능할 수 있을까요?

데카르트는 1차원이 직접적으로 4차원에 영향을 미친다는 것은 기하학의 차원에서는 말이 안 된다고 보았습니다. 그래서 머릿속에서 4차원이 1차원으로 바뀌는 무엇인가가 있을 것으로 생각했습

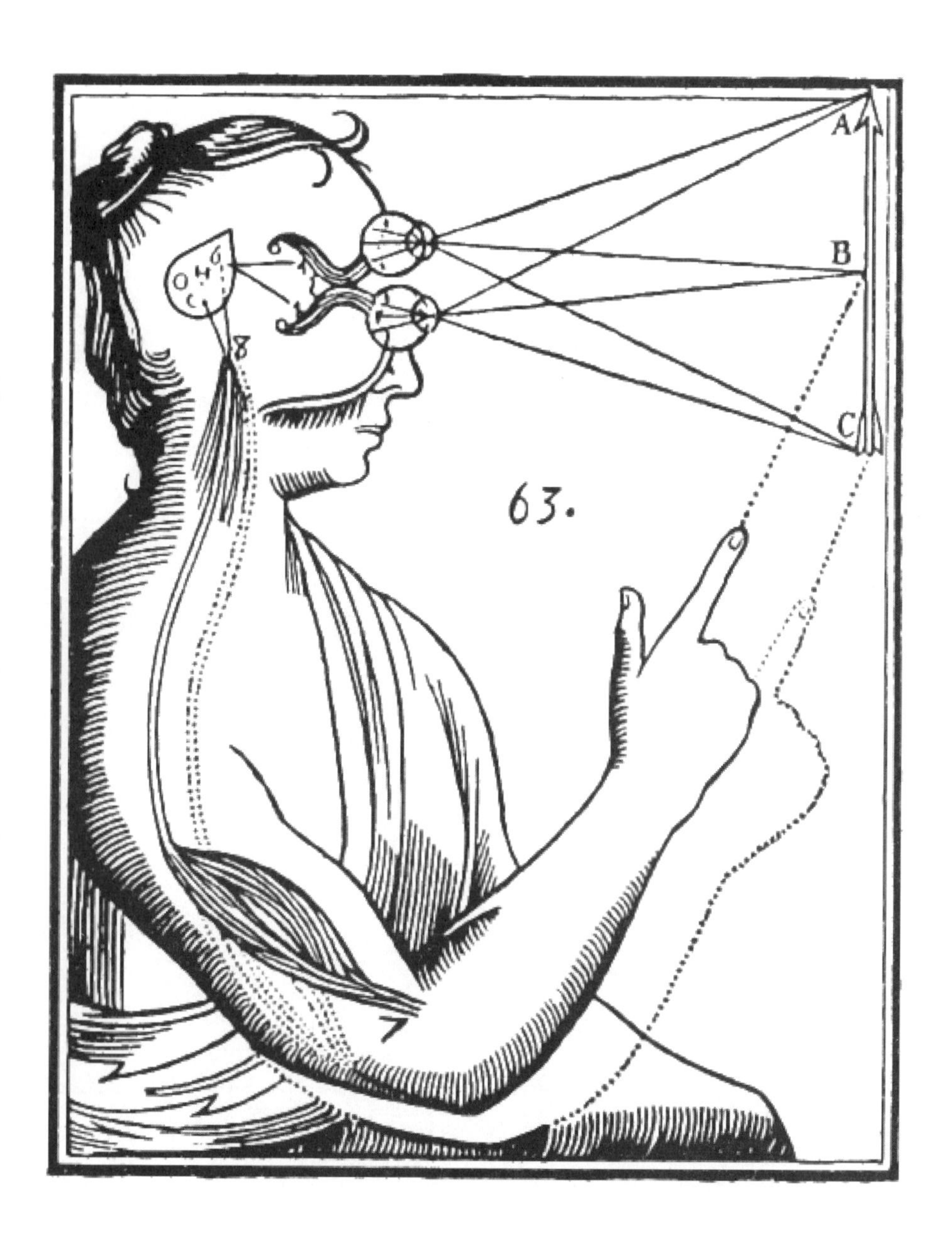
A
B
C
63.

니다. 고민 끝에 데카르트는 뇌 안면에 있는 송과선pineal gland에서 이 본질적으로 다른 두 개의 세상이 서로 상호 관계를 만들어낸다고 생각했습니다. 기하학에서 '점'은 0-차원을 가졌다고 알려져 있다 보니, 마치 '점'같이 작은 송과선이 4차원과 1차원의 세상을 엮어준다고 믿었던 듯합니다.

# 02

## 나는 어떻게 생겼는가

브레인 이미징으로 뇌를 발견하다

인간의 뇌가 단순한 관찰이나 철학적 이론을 넘어 과학적으로 연구되기 시작한 것은 19세기부터였습니다. 카밀리오 골지Camillio Golgi라는 이탈리아 의사가 최초로 신경세포를 염색할 수 있는 방법을 알아냈는데, 이를 골지의 이름을 따서 골지 컬러링Golgi Coloring이라 부릅니다.

## 뇌를 염색하는 방법, 골지 컬러링

두개골 속을 들여다보면 우리 눈으로 식별할 수 있는 것은 두 가지밖에 없습니다. 표면의 약간 어두운 영역과 그 아래의 조금 밝은 영역이 그것입니다. 표면의 어두운 영역은 회백질grey matter이라 하고, 아래의 밝은 영역은 백색질white matter(속질)이라 합니다. 회백질에는 $10^{11}$의 신경세포들이 있고 백색질에는 신경세포들 사이를 연결하는 케이블 즉 전깃줄이 있습니다. 뇌의 신경세포 하나하나는 수많은 케이블과 어지럽게 연결되어 있습니다. 우리 눈에는 보이지 않지만 현미경으로는 보입니다.

문제는 현미경으로 보아도 신경세포들 간의 차이를 알 수 없다는 것입니다. 색깔이 똑같은 까닭이지요. 그래서 뇌과학 연구를 하려면 먼저 신경세포에 염색을 시켜야 합니다. 뇌의 신경세포를 염색할 수 있는 방법은 1890년에 처음 등장했는데, 그것이 바로 골지 컬러링입니다. 보통 잉크를 뇌에 풀어놓으면 뇌 전체가 새파랗거나 새카매집니다. 골지 컬러링의 특징은 염색 물질이 신경세포 단백질에만 붙어 신경세포만 눈에 보이게 만든다는 점입니다. 골지가 관찰한 신경세포들은 마치 거미줄같이 서로 연결되어 있는 듯했습니다. 결국 골지는 신경세포는 단일 세포가 아닌 서로 연결된 복잡한 구조를 갖고 있다는 이론을 세우게 됩니다.

그런데 골지의 이론을 뒤집은 이가 있었습니다. 바로 산티아고 라몬 이 카할Santiago Ramón y Cajal이라는 스페인 학자입니다. 원래 성은 '라몬 이 카할'이지만 보통 영미권에서는 '카할'이라고 불립니다. 카할은 젊었을 때 화가가 되려 했을 정도로 그림을 잘 그렸고 관찰력도 뛰어났습니다. 이를 바탕으로 신경세포가 거미줄 모양이 아닌 나뭇잎 모양의 단일 세포로 존재한다는 이론을 발표했습니다. 현미경에 카메라가 없어 눈으로 보고 직접 그려야만 했던 당시로서는 그림을 잘 그리는 것도 과학자의 중요한 능력이었겠다는 생각이 듭니다.

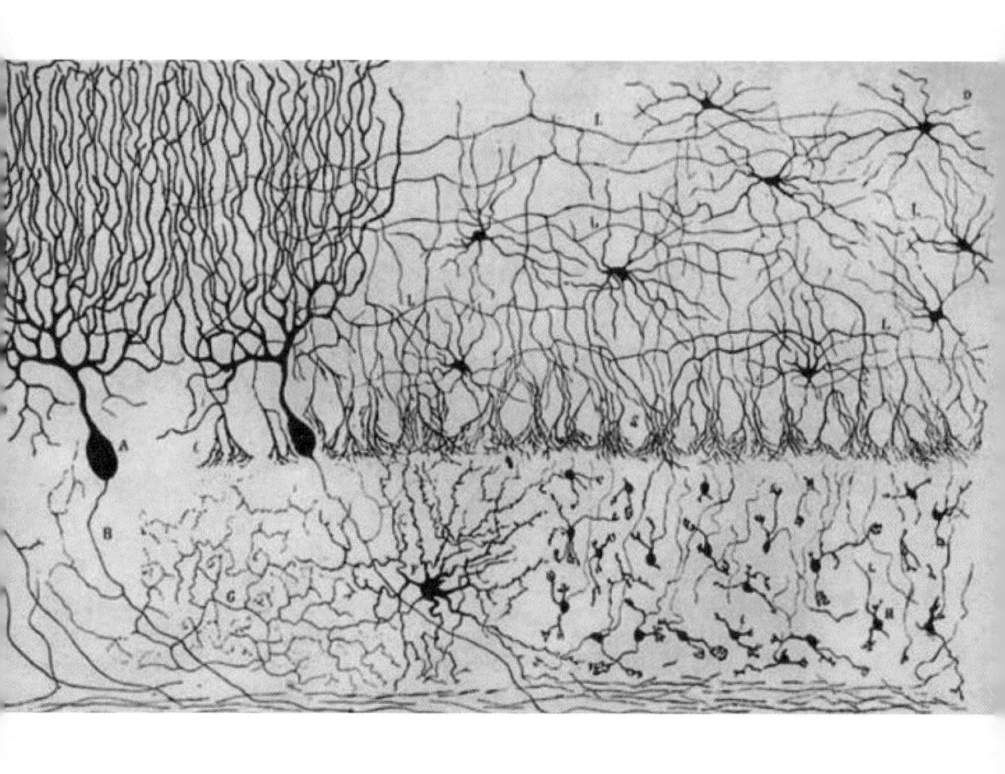

재미있는 것은 원수 같았던 두 사람이 1906년 최초의 노벨 생리의학상을 공동 수상했다는 사실입니다. 이때 수상식에서 카할은 점잖게 상을 받은 반면, 골지는 카할이 받으면 안 된다며 어깃장을 놓았다고 합니다. 결국 점잖은 태도를 보인 카할의 이론이 맞는 것으로 밝혀졌습니다.

시간이 흘러 2000년대에 훨씬 발달한 염색 방법이 등장했습니다. 세계적인 뇌과학자인 하버드 대학의 제프 리히만Jeff Lichtman 교수 등이 2007년 《네이처Nature》에 발표한 '브레인보우Brainbow'라는 방법입니다. 다양한 단백질들을 노랑, 청록, 빨강, 주황 같은 형광물질로 색을 조합해 신경세포 하나하나를 다양한 색깔로 변별하는 방법을 만드는 데 성공했습니다. 최근에는 다양한 신경세포 염색 방법과 자기공명영상MRI, Magnetic Resonance Imaging을 기반으로 한 확장텐서영상DTI, Diffusion Tensor Imaging을 사용해 인간 뇌안 신경세포들 간의 모든 연결 고리들을 매핑mapping해보겠다는 시도가 있습니다. 이런 접근 방법은 휴먼 커넥톰 프로젝트HCP, Human Connectome Project라고 불리기도 합니다.

## 신경세포는 나뭇잎 모양의 단일 세포다

카할이 본 것처럼 신경세포는 나뭇잎 모양으로 생겼습니다. 여기에 세포체cell body(또는 소마soma라고 부르는 뉴런의 핵과 그 주변의 세

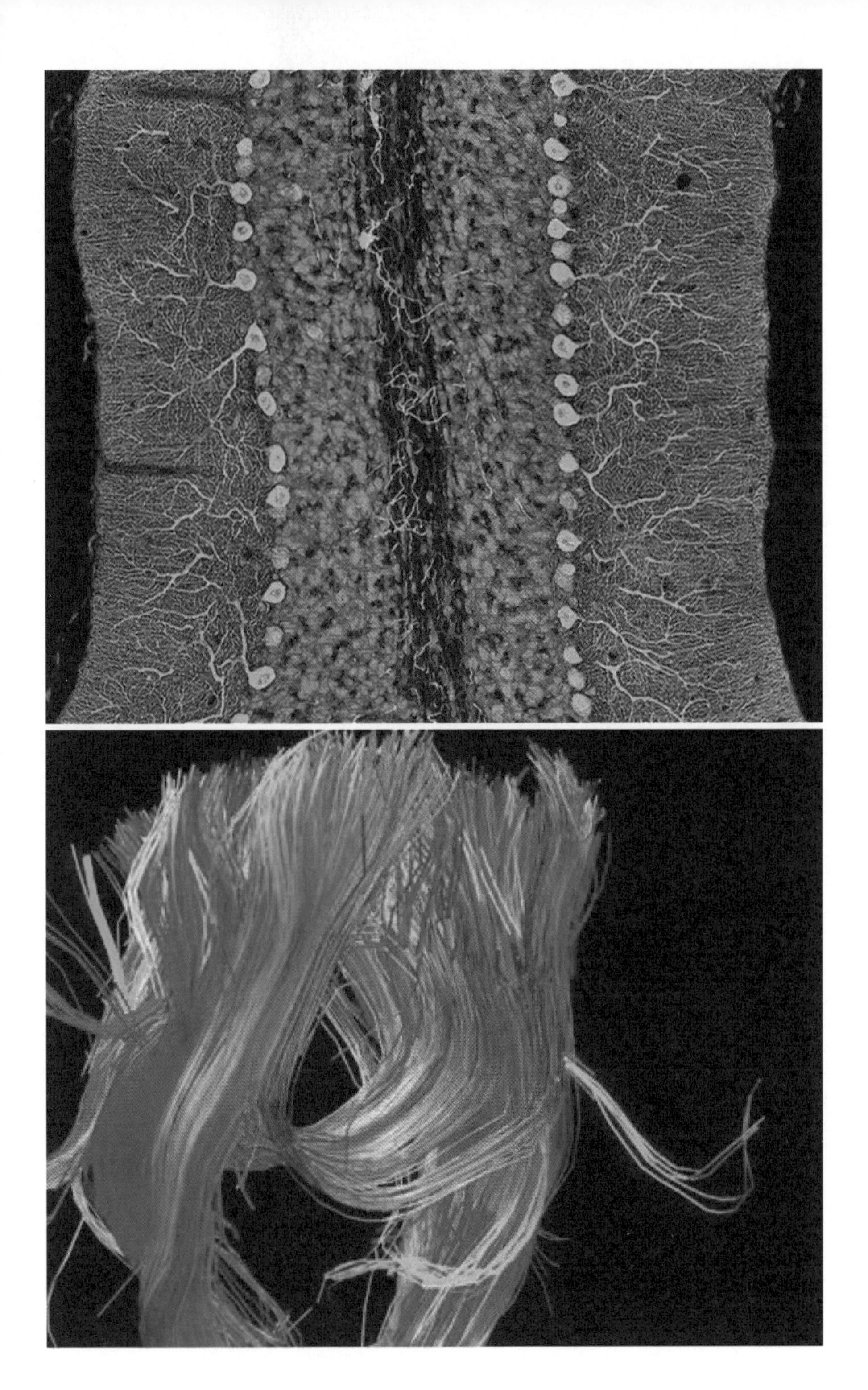

포질을 함유한 부분)와 덴드라이트dendrite(수상돌기)가 있으며 액손axon(축삭돌기)이라는 전깃줄을 갖고 있습니다. 모든 정보는 덴드라이트로 들어와 소마로도 불리는 세포체에서 더해집니다. 그렇게 더해져 나온 신호가 디지털로 변한 다음, 액손을 통해 스파이크spike라고 불리는 신호가 되어 정보로 나갑니다.

신경세포에 전극electrode을 꽂으면 전류 측정이 가능합니다. 전류를 측정해보면 신경세포의 바깥과 안은 전위potential 차이가 있습니다. 안쪽이 더 네거티브합니다. 신경세포의 전압은 마이너스 밀리볼트mV, millivolt 단위 즉 −50~60mV 정도입니다. 그림을 본다든지 하여 자극을 받을 경우 전압은 아날로그하게 서서히 늘어납니다. 그러다 한순간 특정 기준점을 넘으면, 스파이크가 고슴도치처럼 치고 올라갔다 내려옵니다. 이 과정은 '올인원all in one'으로 시작되면 멈출 수가 없습니다. 디지털인 까닭이지요. 이때 스파이크의 높이는 언제나 똑같습니다. 0 아니면 1이지 0.7 같은 것은 없습니다.

여기에는 문제가 하나 있습니다. 안 좋아하는 그림을 보면 반응이 없겠지만 좋아하는 그림을 보면 반응이 더해져야 할 텐데 스파이크의 높이는 0 아니면 1인 까닭에, 이것으로는 더해진 반응을 제대로 표현할 수가 없습니다. 1.5나 2는 불가능하다는 뜻이지요. 때문에 반응의 강도는 높이가 아닌 시간당 스파이크가 몇 개 만들어지는가로 표현됩니다. 이를 '레이트 코딩rate coding'이라고 부릅니다.

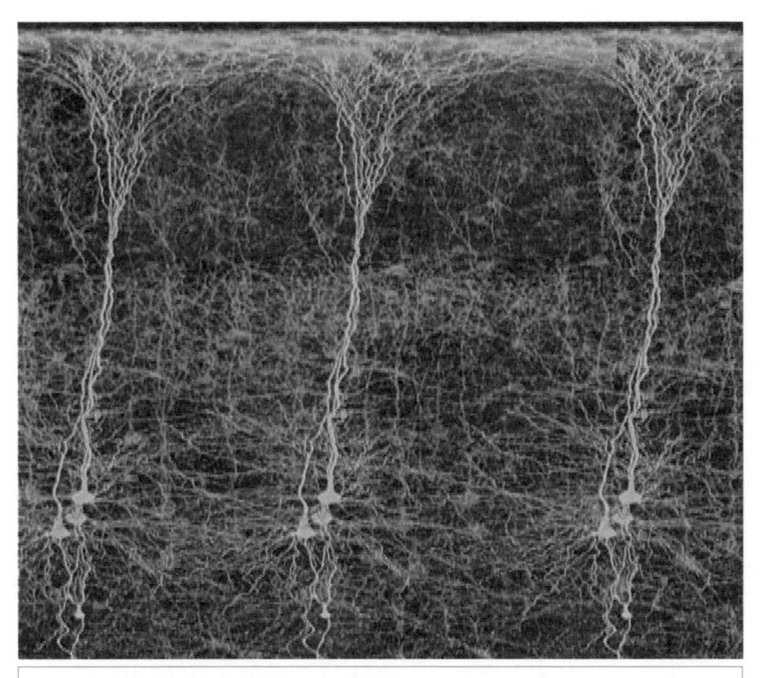

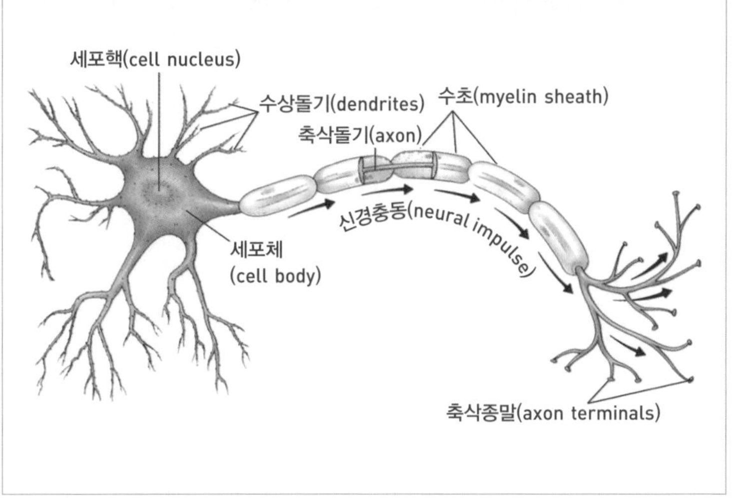
세포핵(cell nucleus)
수상돌기(dendrites)
수초(myelin sheath)
축삭돌기(axon)
신경충동(neural impulse)
세포체
(cell body)
축삭종말(axon terminals)

뇌가 정확하게 어떻게 정보를 코딩하는지 즉 뉴럴 코딩neural coding을 알아낸 이는 아직 없습니다. 알아내기만 하면 노벨상을 쉽게 받을 수 있을 것입니다. 현재는 기본적인 코딩 원리만 이해했을 뿐이지요.

그렇다면 우리 뇌의 코딩 알고리즘, 다시 말해 '뇌의 언어'는 언제 이해할 수 있을까요? 제가 죽기 전 누군가 뇌의 언어를 밝혀냈으면 하는 게 제 개인적 희망입니다. 하지만 대부분 희망은 보통 실망으로 끝나지 않나요? 물리학과 분자생물학과 비교한다면, 뇌과학은 여전히 미개한 수준입니다. 우리는 여전히 뇌과학의 뉴턴, 아인슈타인, 그리고 왓슨James Dewey Watson과 크릭Francis Crick을 기다리고 있습니다.

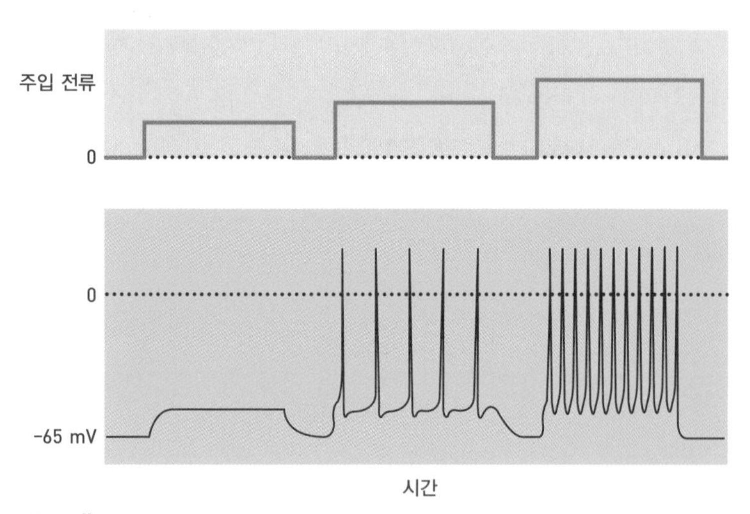

**rate coding**

## 본다는 것은 무엇인가

우리 인간은 시각적 동물입니다. 후각, 촉각 또는 청각 위주인 대부분의 동물들과는 달리 우리는 '보이는 것'에 집착합니다. 백문이 불여일견이라는 말이 있듯, 우리 눈으로 직접 본 것이야말로 우리가 가장 믿는 것입니다. 시각 정보 처리를 맡은 신경세포들의 전기생리학적 반응을 본격적으로 연구하신 분들은 하버드 대학 교수인 데이비드 헌터 휴블David Hunter Hubel과 토르스텐 닐스 비셀Torsten Nils Wiesel입니다. 휴블은 캐나다 사람이고 비셀은 스웨덴 사람입니다. 인종을 초월하여 인재를 포용하는 미국 교육 제도의 장점을 보여주는 사례이지요.

이들은 고양이와 개를 마취시켜 머리에 전극을 꽂는 실험을 했

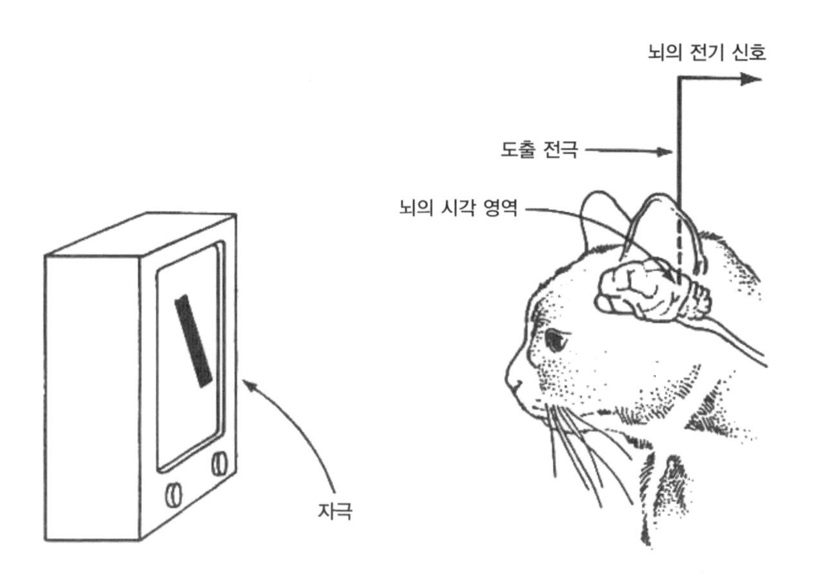

습니다. 고양이와 개에게 아무리 복잡한 그림을 보여줘도 반응이 없었는데, 우연히 플래시램프를 쑥 앞에 비추자 뉴런들이 스파이크를 만들어냈습니다.

사실 시각을 담당하는 영역이 뇌의 뒤편 즉 후두엽occipital lobe이라는 것은 오래전부터 알려져 있었습니다. 중세 때는 사형 선고를 받은 이들의 뒷목을 도끼나 칼로 내리쳤습니다. 그런데 실수로 뒷목이 아닌 뒤통수를 치면, 사형수가 죽지는 않더라도 눈이 안 보이는 일이 일어났습니다. 이를 통해 뒤통수 쪽이 시각을 담당하는 영역임을 알 수 있었다고 합니다.

역사적으로 과거에 뇌를 이해할 수 있었던 것은 수술을 잘못하거나 사고가 나거나 했을 때가 대부분입니다. 뇌과학이 가장 큰 진전을 보인 때가 세 번 있었습니다. 1870년, 1914년, 1940년대입니다. 1870년에는 프로이센과 프랑스가 전쟁을 했고, 1914년에는 1차 세계대전이, 그리고 1939년에는 2차 세계대전이 일어났습니다. 이때부터 살상력이 극대화된 유산탄이 등장하면서 머리에 총상을 입은 사람들도 늘어났습니다. 동시에 이들을 치료하는 과정에서 의학도 발달했습니다. 다행히 지금은 전쟁 없이도 뇌를 이해하는 데 아무런 문제가 없습니다.

신경세포가 세상을 보는 시야는 우리의 눈과 똑같지 않습니다. 우리의 눈은 170도로 보는 반면 일차 시각 뇌의 신경세포들은 각자

1도 정도로만 볼 수 있습니다. 또한 신경세포는 빛을 쏘여줄 때 밝은 부분과 어두운 부분의 경계에 반응을 보입니다. 자극의 모서리로 구성된 선을 보여주면 좋아한다는 의미입니다. 중요한 것은 이때 선의 각도가 잘 맞아야 합니다. 예를 들어 0도 각도의 선을 보여주면 반응이 없지만 선의 각도를 90도로 하면 신경세포가 반응할 수 있습니다.

저도 대학원 시절에 휴블과 비셀 교수님과 비슷한 실험을 해본 적이 있습니다. 일주일 동안 마취된 동물에게 플래시램프를 비춰야 하는 지루하기 짝이 없는 실험이었습니다. 2인 교대로 잠을 자며 실험했지만, 한 주에 많아야 수백 개 정도 신경세포의 반응을 확보할 수 있었지요.

뇌종양 제거 수술을 할 때 가장 큰 위험은 뇌 기능에 중요한 역할을 하는 영역을 파괴할 수 있다는 점입니다. 그래서 수술 전에 반드시 신경세포들의 반응을 관찰해야 합니다. 즉 무엇을 보여주고 물어보는 테스트를 해야 합니다. 그런데 마취 상태에 있는 환자의 반응은 제한적입니다. 마취된 환자와는 대화가 불가능하니 말입니다. 결국 정확한 판단을 위해 환자를 깨워야 하는 경우가 있습니다.

그런데 잠깐! 두개골을 열고 뇌수술을 하는 중간에 환자를 깨운다니? 무슨 '시추에이션'인가요? 다행히도 뇌는 뇌 자체의 부상이나 충격을 느끼지 못합니다. 우리 몸 표면에는 감각 센서가 있어서

꼬집으면 아픔을 느낍니다. 결과적으로 '아픔'이라는 지각은 뇌를 통해 만들어지지만 신기하게도 뇌는 뇌 표면 자체에 대한 아픔은 느끼지 못합니다. 뇌를 손으로 만지거나 가위로 잘라내도 느끼지 못한다는 말입니다.

이츠하크 프리드Itzhak Fried라는 UCLA 대학 교수가 있습니다. 몇 년 안에 노벨상을 받게 될지 모를 정도로 뛰어난 분입니다. 프리드 교수는 뇌암이나 간질병 수술 전 환자에게 특정 자극을 보여주고 동시에 깨어 있는 환자의 뇌에서 신경세포들의 반응을 관찰했습니다. 신기하게도 그중에는 매우 특정 자극에만 반응을 하는 뉴런들이 있었습니다. 예를 들어 할리우드 영화배우 제니퍼 애니스턴이나 〈스타워즈Star Wars〉의 최고 악당 다스 베이더 모습이 보일 때만 이 신경세포들은 스파이크를 만들어냅니다. 반대로 동일한 세포를 자극하면 환자들은 다스 베이더나 제니퍼 애니스턴이 '보인다고' 주장합니다. 화면에는 더 이상 아무 자극도 보이지 않고 있는데 말입니다!

그렇다면 세상에 대한 정보가 신경세포 하나하나에 별개로 입력되어 있다는 말일까요? 보통 이런 가설을 '할머니 신경세포grandmother cell' 이론이라고 부릅니다. '할머니'라는 특정 정보가 신경세포 하나에 코딩되어 있다는 말입니다. 제 생각으로는 현실성이 없는 이론입니다. 만약 '할머니 신경세포' 이론이 맞는다면, 신경세포 하나가 죽을 때마다 특정 정보 단 하나만 우리 기억에서 사라져야 할 텐데, 그런 경우는 거의 없습니다.

그렇다면 프리드 교수의 결과는 어떻게 이해할 수 있을까요? '제니퍼 애니스턴'이라는 정보가 특정 신경세포 하나에 입력되어 있는 것은 아니겠지만, 특정 신경세포들이 그 정보를 재생해내는 '버튼' 같은 역할을 하는 것이 아닐까 추정해볼 수 있습니다. 마치 지금 제가 쓰고 있는 이 문장이 특정 키보드 버튼을 통해 완성되듯 말입니다.

## 역사상 최초의 브레인 이미징 실험

전극을 직접 뇌에 꽂아 스파이크를 측정하면, 신경세포들 간의 '대화'를 엿들을 수 있습니다. 물론 신경세포의 '언어(코드)'를 완벽히 판독하지 못하기 때문에, 우리는 여전히 그들이 무슨 이야기를 하는지 정확하게 이해하지는 못합니다. 더구나 전극을 통해 동시에 직접 관찰할 수 있는 신경세포의 수는 지극히 한정되어 있고, 뾰족한 전극을 뇌 속으로 삽입하다 보면 수많은 세포들이 파괴될 수밖에 없습니다. 그렇다면 뇌의 '언어'를 조금 더 비침해적으로 관찰할 수 있는 방법은 없을까요?

신경세포의 작동이 피의 흐름과 관련이 있음을 맨 처음 밝혀낸 분이 있습니다. 바로 안젤로 모소Angelo Mosso라는 이탈리아 정신과 의사입니다. 1880년대에 활동한 그에게는 베티노Bertion라는 환자가 있었습니다. 베티노는 밭을 갈다가 머리에 구멍이 뚫리는 사고를 당했습니다. 두개골 속 뇌가 보일 정도의 큰 사고였습니다. 병원에 온 베티노를 모소가 보니 신기하게도 뇌가 올라갔다 내려갔다 했습니다. 사실 뇌가 호흡 과정에 따라 오르락내리락한다는 사실은 이미 알려져 있었습니다. 그런데 베티노의 경우 뇌의 움직임이 일정하지 않았습니다. 많이 움직였다가 또 덜 움직였다 했습니다. 무엇을 하느냐에 따라 뇌의 움직임이 달라졌던 것입니다.

그래프를 한번 보지요. 다음은 모소의 논문에 소개되었던 베티노 환자 뇌의 움직임 데이터입니다. 'A'는 콘트롤이고 'C'는 실험 조건입니다. 아무것도 안 하는 휴식 상태에서 뇌는 올라갔다 내려갔다만 했습니다. 그러다 교회 종소리가 들리자 화살표 부분이 갑자기 움직였습니다. 잠시 뒤 기도해보라고 말하니 또 화살표가 죽 늘어났습니다.

특이한 것은 화살표의 움직임이 3~4초가량 지연된다는 점이었습니다. 3~4초는 신경세포의 활동으로 에너지가 소비됨에 따라 심장에 신호가 가서 피가 돌아오는 시간에 해당합니다. 요즘 흔히 사용되는 MRI에 지연 현상이 있는 것도 이 때문입니다. 모소의 방법과는 달리 MRI는 공간적 해상도가 있어 픽셀 하나하나마다 피의 흐름을 보여줍니다. 얼마만큼 피가 쏠리는가를 정량화해서 픽셀들의 값으로 표현할 수 있고, 높은 치수의 픽셀들이 있는 영역의 뉴

조용히 휴식한다.

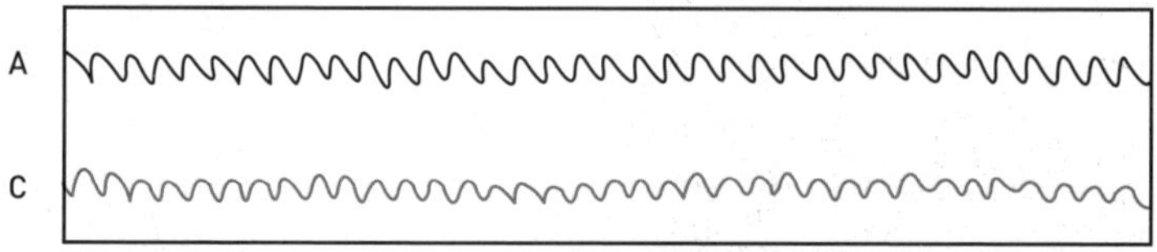

A

C

교회의 종소리가 울려퍼진다.

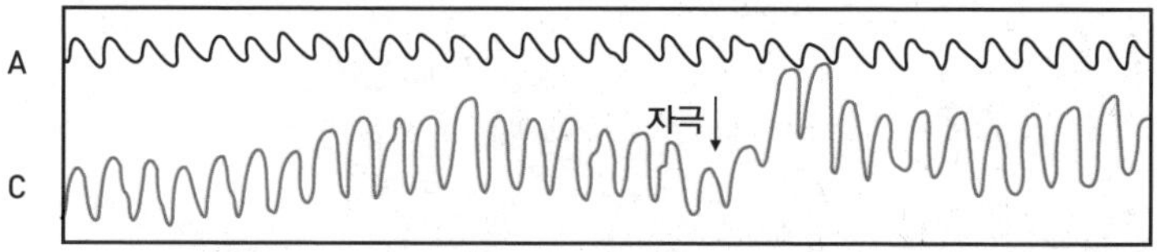

A

자극

C

베티노에게 기도했는지 물어본다.

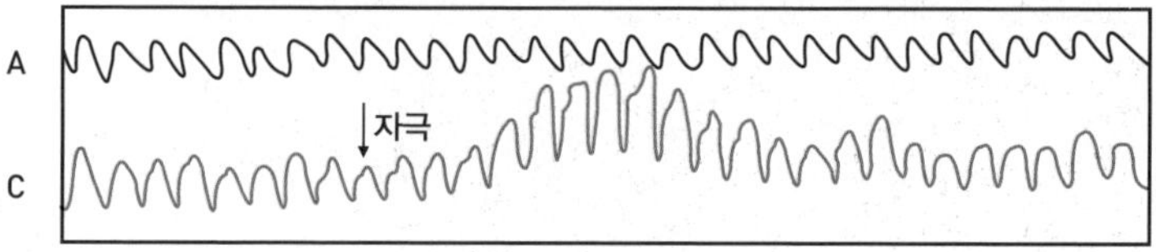

A

자극

C

8×12는 무엇인가?

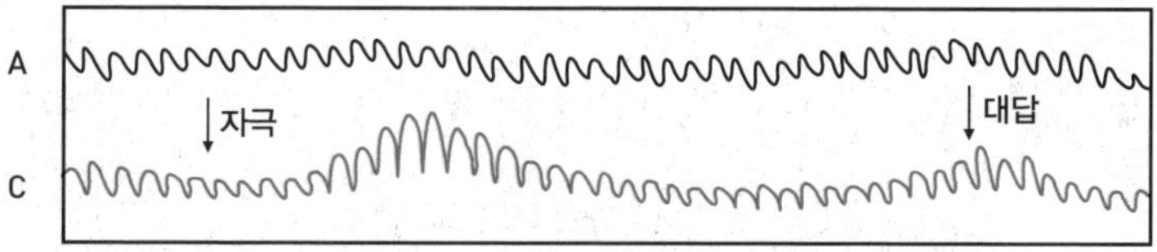

A

자극

대답

C

안젤로 모소

런들이 스파이크를 만들어낸다고도 해석해볼 수 있습니다.

뇌의 활동이 피의 흐름으로 표현된다는 가설을 증명하기 위해 모소는 아래와 같은 재미있는 장치를 제시합니다. 우선 환자를 평행으로 눕혀놓고 생각을 하도록 시켰습니다. 그러자 더 많은 피가 뇌로 쏠리기 시작해 침대가 머리 방향으로 기울어지기 시작합니다.

물론 현대 MRI와는 비교할 수 없을 만큼 단순하고 미개했지만, 개념적으로 안젤로 모소가 역사상 최초의 뇌 이미징 실험을 했다고 주장해볼 수 있습니다.

모소의 실험에서 영감을 받은 던컨 맥두걸Duncan Mcdougall이라는

미국 의사는 1907년 영혼의 무게를 재는 실험을 했습니다. 생각을 하면 뇌가 무거워져 기우는 것처럼, 사람이 죽으면 그 무게에 변화가 있을 것으로 생각한 것입니다. 죽기 직전과 죽은 직후의 몸무게를 잰 결과 그 차이가 21그램임을 밝혀냈습니다. 즉 21그램이 영혼의 무게라는 것이 그의 주장이었습니다. 물론 사이비 결과지요. 죽으면 바로 세포에서 수분이 빠져나가 무게가 줄게 됩니다. 영혼이 아닌 빠져나간 수분의 무게를 던컨은 측정한 것입니다.

# 03

## 생각이란 무엇인가

## 나는 뇌다, 고로 나는 존재한다

지금까지 '나'라는 존재는 뇌의 작용임을 살펴보았습니다. 이어서 나는 어떻게 존재하는지 알아보겠습니다. '나는 어떻게 존재하는가'라는 질문은 '나는 누구인가' 또는 '나는 무엇인가'라는 질문으로 대치되어도 상관없습니다.

### 뇌는 생각한다, 고로 나는 존재한다

고갱Paul Gauguin이 〈우리는 어디서 왔는가? 우리는 누구인가? 우리는 어디로 갈 것인가?Where do we come from? Who are we? Where are we going?〉(1897)라는 유명한 그림에서 물었듯이, 나는 어디서 왔고 누구이며 어디로 가는가 하는 것은 인간 존재의 본질에 맞닿아 있는 핵심적인 질문입니다.

이 문제에 관해 가장 깊이 생각했던 철학자가 있습니다. 앞서 소개한 바 있는 데카르트입니다. 데카르트는 백년전쟁에 참여해 유럽을 돌아다녔습니다. 그러다 신기한 것을 발견했습니다. 프랑스,

독일, 이탈리아, 스위스 사람들 모두 언어가 다를 뿐만 아니라 행동과 전통도 다르다는 사실이었습니다. 프랑스 사람인 자신에게는 당연한 일들이 외국 사람들에게는 당연하지 않았습니다. 보통 사람이었다면 그냥 지나쳤을 문제를 데카르트는 공감의 능력을 가지고 깊이 파고들었습니다.

그 결과 나고 자란 곳에 따라 언어뿐 아니라 생각과 행동, 전통이 달라질 수 있음을 알아냈습니다. 만약 자신이 독일 사람이라면 프랑스 사람의 말과 행동을 보고 미쳤다고 생각할 수도 있다는 것, 결국 자신이 세상에 대해 알고 있는 것들이 틀릴 수도 있음을 알아낸 것이지요.

21세기에도 이런 생각을 하지 못하는 사람들이 적지 않은데, 데카르트는 17세기에 이미 자신의 생각이 틀릴 수도 있음을 깨달은 것입니다.

데카르트의 생각은 여기서 그치지 않았습니다. 보통 수학적인 증명을 할 때 이니셜 컨디션initial condition(초기 조건)을 증명하고 '원 플러스 원' 해서 무한으로 확장해갑니다. 데카르트는 이런 과정을 '생각'에 적용시켰습니다. 즉 우선 눈에 보이는 것을 생각한 다음 그것을 갈 데까지 확장해보고자 했습니다.

데카르트가 내린 결론은 이렇습니다. '내 눈에 보이는 모든 것은 진짜 또는 실체가 아니라 악마들이 왜곡시킨 것이다.' 오늘날의 우리는 알고 있습니다. 이 악마들이 다름 아닌 우리 머릿속의 신경세포라는 사실을 말이지요. 이 신경세포들이 우리의 인식을 왜곡시켜 빨갛지 않은데도 빨갛다 말하게 만들고, 흔들리지 않는데도 흔들린다 말하게 만듭니다. 비싸지 않은 물건인데도 내 것이라는 생각에 더 비싸다고 착각하게 만듭니다.

데카르트는 이 세상 모든 것이 가짜일 수도 있으며 눈에 보이는 것이 실제 현실이 아닐 수 있음을 알았습니다. 동시에 단 하나 실재하는 것이 있음을 인정했습니다. 바로 이런 생각들을 내가 갖고 있다는 것, 이 세상이 존재하지 않는다고 생각할 수 있는 존재가 있다는 것입니다.

다시 말해 생각은 분명히 존재하고 이 생각은 다름 아닌 내 생각이라는 것, 내 생각을 갖고 있는 나라는 존재는 분명히 존재한다는 것입니다. 이것이야말로 "나는 생각한다, 고로 나는 존재한다"는 명제의 진정한 의미입니다.

하지만 러셀Bertrand Russell은 데카르트의 생각에 동의하지 않았습니다. 러셀은 수학자로 시작해서 철학자가 됐다가 나중에는 정치가로 활동한 분입니다. 그는 『외부 세계에 대한 우리의 지식Our Knowledge of the External World』이라는 책에서 데카르트의 명제가 논리적으로 틀렸다고 썼습니다.

생각이 존재하는 것은 맞지만 그 생각이 내 생각인지는 알 수 없다는 것입니다. 즉 생각하는 내가 맞고 존재하는 나도 맞으므로 둘은 연결될 수 있다는 데카르트의 주장에는 근거가 없다는 것이지요. 생각하는 나와 존재하는 나는 같은 사람일 필요가 없다는 러셀의 주장은 귀 기울여 들을 만합니다.

인도 철학에서는 귀신과 우주가 비슈누Vishnu의 꿈이라고 말합니다. 비슈누는 인도 3대 신 중의 하나로 평화의 신입니다. 인도 철학에 따르면 우리는 결국 비슈누의 꿈이 됩니다. 우리는 우리가 생각하는 존재가 아니라 타인, 즉 비슈누가 꾸는 꿈의 내용이라는 뜻이지요. 우리의 생각도 결국 타인의 꿈이라는 뜻이기도 합니다.

그렇습니다. 인도 철학에서 말하는 것처럼, 생각 또는 꿈은 존재하되 반드시 내 꿈일 필요는 없습니다. 생각은 존재하되 그 생각을 하는 사람이 반드시 나일 필요는 없습니다.

## 모든 생각은 나에서 시작되고 나로 끝난다

그렇다면 지금 이 순간에도 강렬하게 느낄 수 있는 나라는 존재는 대체 무엇일까요? 다음 세 가지 중의 하나일 것입니다. 첫째, 우리가 이미 알고 있는 것. 둘째, 우리가 모르는 것. 셋째, 우리가 모른다는 것을 모르는 것. 사실 이 세상에 존재하는 것은 대부분 세 번째 상태일 것입니다. 우리는 자신이 무엇을 모르는지 잘 모릅니다. 자신이 누구인지도 잘 모릅니다. 예컨대 나라는 존재는 지금 내

가 알고 있는 나일까요 아니면 내가 알고 있다고 믿고 있는 나일까요? 이도 저도 아니라면 무엇을 모르는지도 모르는 존재에 불과할까요?

마야콥스키Vladimir Vladimirovich Mayakovsky라는 시인이 있습니다. 1920년대에 활동한 러시아 모더니스트 시인으로 제가 좋아하는 시인입니다. 그의 시들 중에 '나'라는 단어로만 이루어진 시가 있습니다. 모든 시, 모든 생각과 예술은 궁극적으로는 나에서 시작되고 나로 끝납니다. 아름다움을 느끼는 것은 바로 나입니다.

예를 들어 해가 아름답다는 것은 내가 아름답다고 생각하는 것입니다. 철수와 영희가 사랑을 나눈다고 할 때, 철수가 사랑하는 것은 영희 자체가 아니라 철수 자신이 생각하는 영희입니다. 마찬가지로 영희가 사랑하는 것은 철수 자체가 아니라 영희 자신이 생각하는 철수입니다. 존재 자체보다는 존재에 대한 생각과 느낌이 중요하다는 말이지요.

복잡하기 짝이 없는 문장도 계속 단순화시키면 결국 나로 귀결됩니다. 예컨대 수학에서 나에 해당하는 것은 바로 소수prime number입니다. 소수를 수학의 벽돌이라 부르는 것은 더 이상 쪼갤 수 없기 때문입니다.

한마디로 12분의 8을 2로 나누면 6분의 4, 그리고 또다시 2로 나누면 결국 더 이상 나눌 수 없는 소수들 3분의 2로 끝나는 것같

블라디미르 마야콥스키

이 세상의 모든 것을 쪼개면 궁극적으로는 마야콥스키의 시에서처럼 '나나나…나'로만 존재한다는 것이지요. 비슷하게 셰익스피어의 작품들 역시 모두 '나나나…나'가 됩니다. 같은 얘기를 다른 말로 바꿔 썼다는 뜻입니다. 즉 '나'를 다르게 표현한 것이라는 뜻이지요. 이런 창의적인 생각을 한 분이 스탈린 시대에 살아남기는 힘들었을 것입니다. 실제로 마야콥스키는 1930년 서른여섯 살 때 머리에 권총을 쏘고 자살했습니다.

그만큼 창의적인 시인이 우리나라에도 있습니다. 바로 이상李箱입니다. 1930년대 초부터 초현실주의적이고 실험적인 시를 발표했고, 주로 의식 세계의 심층을 탐구하는 작품을 썼습니다. 마야콥스키처럼 그 역시 시대와 불화하다가 스물일곱 살 때 병으로 죽고 말았습니다.

나라는 존재가 얼마나 중요한지 그리고 우리가 자신을 얼마나 소중하게 여기는지는 지금도 알 수 있습니다. 가는 데마다 셀카를 찍고 심지어 우주에 나가서도 우주 셀카를 찍고 있으니까요. 19세기에 활동한 미국의 사진작가로 로버트 코닐리어스Robert Cornelius라는 분이 있습니다. 이분이 맨 처음 피사체로 삼은 것도 자기 자신이라고 합니다. 이뿐 아닙니다. 예술의 역사에서는 자신을 그린 작품들이 적지 않습니다. 알브레히트 뒤러Albrecht Dürer는 자신을 예수님처럼 표현한 자화상을 남겼습니다. 나야말로 내가 가장 보고 싶고 표현하고 싶은 존재라는 뜻이지요.

S-18

## 모든 예술 작품은 나의 다른 표현이다

워싱턴 내셔널 갤러리에는 제가 좋아하는 렘브란트Harmensz van Rijn Rembrandt의 〈자화상〉(1659)이 전시되어 있습니다. 술 마시고 도박하다 재산을 탕진하고 빚까지 진 렘브란트는 40대부터 죽을 때까지 빚쟁이들에게 자신이 그린 그림을 넘겨주기로 계약했습니다. 이런 사람에게 창작이란, 예술이란 아무런 의미가 없었습니다. 어떤 그림을 그려도 곧바로 자기 것이 아닌 남의 것이 되는데 무슨 의미가 있었겠습니까.

예전에 알고 지내던 워싱턴 파워 브로커 한 분이 있었습니다. 이 사람은 일주일에 한 번씩 갤러리로 가서 렘브란트의 그림을 본다고 했습니다. 그 그림을 보면 자신을 보는 것 같아서 그렇게 마음이 편해질 수 없다더군요. 타인에게 자신의 영혼을 팔았다는 점에서 동병상련을 느꼈는지도 모르겠습니다.

두 번째 그림은 고흐Vincent van Gogh의 〈자화상〉(1889)입니다. 고흐는 자화상을 많이 그리기로 유명한 화가입니다. 모델이 되어줄 사람을 구하지 못해 자신을 그렸다는 말도 전해집니다. 자신의 귀를 자를 만큼 자신의 영혼과 싸웠던 그의 외로움과 절망이 느껴지시나요?

세 번째 그림은 고갱의 〈황색 그리스도가 있는 자화상Autoportrait au Christ jaune〉(1890~1891)입니다. 고갱은 고흐와 동시대 화가로, 요즘 살았으면 감옥에 갔을 분입니다. 멀쩡한 가정을 내팽개치고 폴

리네시아로 가서 열네 살 여자애들과 살림을 차린 변태 중의 변태였으니 말입니다. 프랑스 유럽의 문명을 등지고 법치국가가 아닌 폴리네시아로 가서 자기 멋대로 살았습니다. 요즘 유럽 아저씨들이 태국 같은 데로 가서 마음대로 사는 것과 다르지 않습니다. 얼굴만 봐도 변태성이 다분히 느껴집니다.

네 번째 그림은 구스타브 쿠르베Gustave Courbet의 자화상 〈절망적인 남자The Desperate Man〉(1844~1845)입니다. 무엇인가를 보고 놀라는 자신의 얼굴을 그렸습니다. 무엇을 보고 놀랐을까요? 이분의 작품 중에 〈세상의 기원L'Origine du Monde〉이라는 그림이 있습니다. 이 책에서 직접 보여드릴 수 없는 상당한 19금 그림입니다. 따로 찾아보시기 바랍니다.

# 04

## 나는 어떻게 나일 수 있는가

자아의 핵심은 시공간적 연장성이다

앞서 언급한 내용들을 종합해서 '나는 누구인가'라는 질문에 대해 논리적으로 맨 나중에 할 수 있는 답은 바로 이것입니다.

'나는 나다.' 'Who am I? I am Who I am.'

하지만 나는 정말 나일까요?

## 나 혼자서도 나 자신일 수 있는가

이 문제에 의문을 품고 깊이 파고든 소설가가 있습니다. 바로 프란츠 카프카Franz Kafka입니다. 체코 출신의 독일 소설가로 『변신Die Verwandlung』이라는 유명한 소설을 쓴 작가이지요. 『변신』은 주인공 그레고리 잠자라는 하루하루를 열심히 살아가는, 지금 이 글을 읽고 쓰고 있는 평범한 우리와도 같은 사람의 이야기입니다. 물론 그레고리는 평범하지 않습니다. 어느 날 아침 눈을 떠보니 자신이 벌레가 되어버렸으니 말입니다. 그것도 징그럽게 생기고 냄새도 나는 벌레 말이지요. 그런데 신기하게도 외모만 바뀌었을 뿐 자신이 그레고리 잠자라는 것은 뚜렷이 자각하고 있습니다. 자신이 누구인지, 즉 나는 나라는 것을 알고 있다는 뜻입니다.

그런데 부모님이 보시더니 한바탕 난리가 났습니다. 아들은 감쪽같이 사라지고 1미터짜리 벌레가 꿈틀거리며 말을 하고 있으니까요. 그레고리가 맨 처음 입에서 꺼낸 말은 "저 그레고리예요"였습니다. 처음에는 두려워하고 반신반의하던 부모님도 차츰 그레고리를 벌레가 아닌 아들로 받아들입니다. 그러다 여동생이 약혼자를 데려오자 그레고리를 지하실에 숨깁니다. 밥도 안 주고 계속 가둬둔 끝에 그레고리는 결국 굶어 죽고 맙니다. 그레고리가 죽은 뒤 가족은 그레고리를 잊고 행복하게 잘 살았다고 합니다.

카프카가 말하는 바는 이렇습니다. 내가 아무리 나라는 주장을 해도 상대방이 아니라고 하면 의미가 없다는 것입니다. 우리가 흔히 말하는 나라는 존재는 타인과 사회의 절대적인 영향을 받습니다. 다시 말하면 나는 진공 상태로 존재하는 것이 아니라, 상대방이 어떻게 생각하느냐에 따라 나라는 개념이 만들어진다는 것이지요. 카프카가 이런 생각을 할 수밖에 없었던 데는 이유가 있었습니다. 사실 카프카는 체코 출신의 독일 유대인이었습니다. 당시는 아무리 뛰어나도 "넌 유대인이니까 아무것도 못해"라고 하면 끝나는 시대였습니다.

카프카의 고민은 현대에 이르러 우디 앨런Woody Allen으로 이어졌

A Metamorfose

Franz Kafka

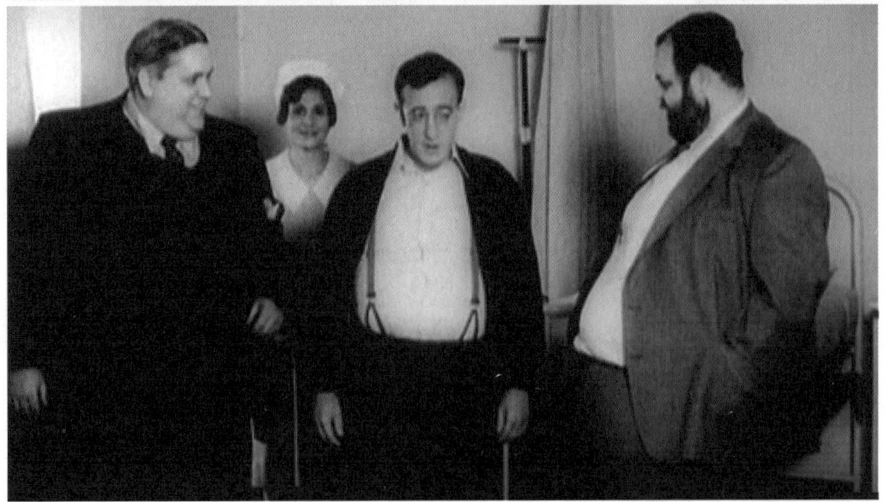

습니다. 우디 앨런의 영화 중에 〈젤리그Zelig〉(1983)라는 재미있는 영화가 있습니다. 주인공 젤리그는 자신이 아닌 딴 사람이 되어야 안심이 되고 사랑받을 수 있다고 생각하는 소심한 실패자입니다. 특이하게도 어느 장소를 가더라도 거기에 맞춰 정체성이 변모합니다. 가령 교수들 옆에 있으면 교수가 되고 뚱뚱한 사람 옆에 가면 뚱뚱해집니다. 흑인들 옆에 가면 흑인이 되고 나치들 옆에 있으면 나치가 됩니다. 유대인들의 디아스포라Diaspora를 단적으로 보여주는 사례이지요.

이와 관련하여 유대인들에게는 가슴 아픈 역사가 있습니다. 2000여 년 전 로마인들이 예루살렘을 점령했습니다. 그들은 "다른 데서는 문명을 만들어주면 군말 없이 잘 사는데 너희 유대인들은 왜 반란을 일으키느냐"면서, 예루살렘을 싹 밀어버리고 이름도 '엘리아 카피톨리나Aelia Capitolina'라는 로마식으로 바꿔버렸습니다. 이때 예루살렘을 파괴한 군인들은 예루살렘은 끝났다는 의미의 HEP! HEP!Hierosolyma est perdita이라는 노래를 불렀는데, "Hep Hep"은 유럽 축구 경기장에서 지금도 여전히 응원가로 불리고 있습니다.

그 이후 2000년 동안 유대인들은 나라 없이 떠돌아다니며 살아남으려 안간힘을 썼습니다. 생존을 위해 가는 곳마다 그곳에 맞게 적응하고자 했습니다. 그러다 보니 아랍에 가면 아랍 사람으로 살고, 스페인에 가면 스페인 사람으로 살고, 또 영국에 가면 영국 사람으로 살 수밖에 없었습니다.

### 독일인이 되고 싶었던 유대인, 프리츠 하버

그렇다면 20세기에 세계대전을 두 번이나 일으킨 독일에서는 어땠을까요? 당연히 독일 민족주의자로 산 유대인들도 있었습니다. 프리츠 하버Fritz Habor라는 유명한 독일 유대인이 있습니다. 농약을 만들어 농경과 산업혁명에 어마어마한 업적을 남긴 분으로 1918년에는 노벨 화학상을 받았습니다. 그전까지는 소의 분뇨를 밭에 뿌리는 식으로 농사를 지었다면, 하버가 농약을 발명한 후부터 대규모 영농이 가능해졌습니다. 1922년에 그는 데구사Degussa라는 살충제 회사를 차려 살충제 치클론 AZyklon A를 만들었습니다. 하지만 이분이 유명한 데는 다른 이유가 있습니다. 추후 유대인 수용소에서 바로 이 살충제를 통해 유대인 수백만 명이 고통 속에 죽어갔으니 말입니다.

반유대주의가 극치하던 유럽 디아스포라에 살던 유대인들은 두 부류로 갈라져 있었습니다. 하나는 유대인의 전통을 지켜야 한다는 부류였습니다. 템플은 없어졌지만 토라Torah(히브리 성서 전체를 일컫는 말로 유대인의 율법·관습·의식 전체를 아우르는 말)를 갖고 다니면 거기에 신이 존재한다고 생각했습니다. 하지만 모든 유대인들이 이렇게 살기는 불가능했습니다. 계몽주의가 지나 게토ghetto들이 존속되면서 독일 같은 곳에서는 상당히 많은 유대인들이 자신들의 종교를 포기하고 기독교로 개종했습니다. 나아가 그 나라 최고의 시민이 되고자 항상 여당만 찍는 최고의 보수주의자, 민족주의자가 되었습니다.

하버는 두 번째 부류의 대표 인물로 독일 승리를 위해 생화학 무기를 만들었습니다. 그런데 흥미롭게도 하버의 아내는 세계 최초로 화학 박사학위를 받은 클라라 임머바르Clara Immerwahr입니다. 그만큼 똑똑했지만 당시로서는 여자가 사회적으로 할 수 있는 것이 아무것도 없었습니다. 그래서 박사학위를 받고도 결혼해서 집에만 머물렀습니다. 그녀는 독일 민족주의자였던 남편과는 달리 평화주의자에 사회주의자였습니다. 재미있게도 성 '임머바르'는 독일어로 '항상 진실'을 뜻합니다. 이분은 자신의 이름에 걸맞은 생각과 행동을 했습니다.

1차 대전 당시 1915년 자신이 개발한 생화학 무기를 사용해 연합

프리츠 하버

클라라 임머바르

군을 향한 독가스 공격이 감행된 바로 다음 주, 하버는 연구소 저택에서 전승 파티를 열었습니다. 임머바르는 더 이상 생화학 무기를 개발하지 말라고 애원했지만, 명예와 승리를 향한 열정에 사로잡혀 있던 하버는 그 말을 듣지 않았습니다. 그는 '좋은 살인 방법이란 것이 있는가? 생화학 무기가 폭탄 파편보다 나쁜가'라며 자신을 정당화했습니다.

절망에 빠진 임머바르는 남편의 서재로 가서 자신의 심장을 겨냥해 방아쇠를 당겼습니다. 총 소리를 들은 하버는 서재로 가 아내의 죽음을 확인하지만 시체를 옷으로 덮어놓은 다음 아무 일 없었다는 듯이 파티 장으로 돌아갔다고 합니다. 하버로서는 아내의 죽음보다 파티가, 사람을 살리는 일보다 독일을 구하는 일이 더 중요했나 봅니다.

이렇게까지 독일에 충성한 하버는 어떻게 되었을까요? 1933년 정권을 잡은 나치는 모든 유대인 공무원들을 내쫓았고, 하버 역시 카이저 빌헬름 연구소Kaiser-Wilhelm-Institute 소장 자리에서 쫓겨나 다시는 독일로 돌아가지 못했습니다. 평생 독일을 위해 일했음에도 불구하고 독일 사람이 아니라는 이유로 시민권까지도 박탈당한 것입니다. 극심한 정체성의 혼란을 겪던 그는 1934년에서야 비로소 자신이 유대인임을 자각하고 기독교에서 유대교로 다시 개종하고 영국과 스위스 등 여러 나라를 전전하다 결국 심장마비로 죽게 됩니다.

유대인뿐만이 아닐 것입니다. 나라는 정체성에 대해 누구나 조금은 고민을 합니다. 매일 아침 눈을 뜰 때마다 우리는 지금의 나는 어제 잠든 나라고 당연히 생각합니다. 대부분 잠든 데서 깨어나고 깬 데서 잠드니까요. 이렇게 시간적으로 그리고 공간적으로 계속해서 연결되는 존재를 우리는 나라고 부릅니다. 즉 나라는 존재의 핵심은 '연장성continuity'입니다. 어제의 나가 오늘의 나로 이어짐으로써 나는 나를 나라고 자각할 수 있습니다. 그런데 나라는 존재가 주기적으로 바뀌면 어떻게 될까요? 나는 계속 나일 수 있을까요? 또 나를 나라고 느낄 수 있을까요?

2016년 돌아가신 이탈리아 석학이자 작가인 움베르코 에코Umberto Eco의 소설 중 『프라하의 묘지Il cimitero di Praga』가 있습니다. 주인공 시모네 시모니니는 맛있는 음식 외에 눈에 보이는 모든 것을 증오하는 인물입니다. 그런데 특이하게도 하루걸러 신부와 살인자의 모습으로 바뀝니다. 짝수 날 사람은 홀수 날 사람이 무엇을 했는지 모릅니다. 같은 방에서 살인 사건이 일어나도 누가 그랬는지 모릅니다. 혼란에 빠진 시모네는 살인자를 찾아다니던 중 자신이 신부인 동시에 살인자라는 사실을 깨닫습니다. 소설의 내용에 불과하지만, "어제의 나와 오늘의 나는 같은 사람일까"라는 질문은 해볼 수 있습니다. 우리는 당연히 같다고 생각하는데 사실 과학적으로는 그럴 이유가 하나도 없습니다.

인간의 피부세포는 시간당 3~4만 개가 죽습니다. 그 결과 매년 3.6킬로그램의 피부세포가 떨어져나갑니다. 아무리 집을 깨끗이 청소해도 일주일 지나면 허연 먼지가 쌓입니다. 허연 먼지는 다름 아닌 피부입니다. 대리석 바닥처럼 매끄럽게 만들고자 매일 밤 피부에 비싼 화장품을 발라봤자 몇 시간 지나지 않아 먼지가 되는 것입니다.

피부세포만이 아닙니다. 창자세포는 2~3일에 한 번 바뀌고 허파세포는 2~3주에 한 번 바뀝니다. 적혈구세포는 4개월에 한 번, 간세포는 5개월에 한 번 바뀝니다. 이런 식으로 우리 몸 안에 있는 모든 세포들은 일정 기간이 지나면 100퍼센트 바뀝니다. 나라는 존재가 나의 몸이라면 1년 전의 나는 더 이상 지금의 나가 아니라는 뜻입니다. 1년 사이 100퍼센트 바뀌어 똑같은 것이 하나도 남아 있지 않기 때문입니다. 만약 20~30년을 살았다면 나라는 존재는 스물다섯 번 바뀐 셈이 되겠지요.

그런데도 왜 '나는 나'라고 생각할까요? 변하지 않는 것이 단 하나 있기 때문입니다. 바로 뇌세포입니다. 몸속 다른 것은 다 변해도 뇌세포는 변하지 않습니다. 우리는 2000그램도 되지 않는 뇌를 갖고 태어나 죽을 때까지 살아갑니다. 최근까지도 뇌세포는 성인이 된 이후에는 절대 새로 만들어지지 않는다는 것이 정설이었습니다. 조금은 만들어진다는 최근 연구들이 있긴 하나 여전히 몇 퍼센트 되지 않습니다. 한마디로 80세 때 갖고 있는 뇌세포는 대부분 태어날 때부터 갖고 있던 뇌세포들이라는 말입니다.

그렇다면 신경세포가 마치 피부세포같이 2~3일마다 변한다면 어떨까요? 자아 자체가 바뀌게 됩니다. 신경세포가 바뀌면 나는 더 이상 내가 될 수 없기 때문입니다. 결론적으로 신경세포는 변함없이 존재한다는 것이 나에 관한 첫 번째 핵심 포인트입니다. 앞에서 나라는 자아의 핵심은 연장성이라고 했는데, 이 연장성은 손톱, 발톱, 머리카락, 간세포가 아닌 신경세포가 변함없이 존재한다는 사실을 토대로 하고 있습니다.

여기에 나라는 존재는 안정성stable이 있다고 전제해보겠습니다. 그런데 몸은 결코 안정적이지 않습니다. 그렇다면 정신은 어떨까요? 정신은 안정적이라고 한번 믿어봅시다. 나에 관한 두 번째 핵심 포인트는 이성이 있다는 것입니다. 이성이 있다는 것은 나 자신을 통제할 수 있다는 뜻입니다. 내가 원해서 무엇을 한다는 것이며 나의 행동을 좌우하는 것은 나 자신이라는 것이지요. 이는 로크John Locke, 벤담Jeremy Bentham, 스미스Adam Smith 등등 계몽주의 사상가들의 주장이기도 합니다. 이 두 가지가 우리가 '나'에 대해 당연하다고 생각하고 믿고 있는 조건들입니다.

여기서 선택의 문제가 생깁니다. 사실 우리의 삶은 선택의 꼬리물기입니다. 어느 학교를 들어갈까, 어떤 직업을 가질까, 누구와 결혼할까 등등 모든 것이 선택의 연속입니다. 이렇게 내가 원하는 것이 있고 그럴 수만 있다면 원하는 것을 선택한다고 생각합니다.

그런데 정말 우리는 언제나 합리적인 선택을 하고, 언제나 내 선택의 원인을 정확히 알고 있는 걸까요?

몇 해 전 연쇄 살인을 저지른 사람의 이야기가 국내 언론에 보도된 바 있습니다. 변호사 말로는 어렸을 때 전두엽을 다치는 바람에 살인을 저지르게 되었다고 했습니다. 전두엽은 우리의 판단 능력을 좌우하는 뇌 영역으로 잘 알려져 있습니다. 다시 말해 변호사는 피고의 행위는 뇌 손상 탓이지 자유 의지가 아니라고 주장하는 것이지요. 변호사 말대로 살인자의 뇌는 평범한 사람의 뇌와 다를까요? 사건 이후 살인범의 뇌를 MRI로 촬영한 것으로 알고 있습니다. 그런데 과연 MRI로 살인의 원인을 파악할 수 있을까요? 대답하기가 참으로 조심스럽습니다. MRI는 뇌와 행위의 상호 관계는 보여줄 수 있으나 인과 관계는 보여주기 어렵기 때문이지요. 전두엽이 망가졌다고 해서 모두 살인범이 되는 것은 아니라는 뜻입니다.

미국에서도 유사한 사례가 있습니다. 평생 죄 한번 짓지 않고 살던 사람이 갑자기 부인을 죽이는 일이 일어났습니다. 모범적인 시민이 이유도 없이 살인을 저질렀으니 사회 전체가 큰 충격을 받았습니다. 변호사는 그 사람의 전두엽에 암이 생겼다는 사실을 밝혀냈습니다. 본인도 몰랐던 사실이라고 합니다. 변호사는 법정에서 이 사실을 언급하면서, 전두엽이 망가지면 판단력이 흐려지므로 결국 살인은 자유 의지로 한 행동이 아니라 병적인 행동이었다고 주장했습니다.

하지만 판사는 변호사의 주장을 인정하지 않았습니다. 영미법은 계몽주의를 토대로 만들어졌습니다. 계몽주의는 인간에게는 판단의 자유가 있으므로 자유로운 상황에서 자신이 선택한 것에 대한 책임을 져야 한다고 보고 있습니다. 말하자면 행위의 책임은 신경세포가 아닌 자기 자신이 져야 한다는 것이지요. 만약 우리가 이 사례에서처럼 자신의 행동을 신경세포에게 떠넘기기 시작하면 큰 일이 날 것입니다. 예를 들어 차를 몰고 가는데 신호를 무시하고 지나가다가 교통경찰에게 잡혔다고 상상해보세요. 그럼 "아, 죄송합니다. 오늘 제 전두엽 신경세포 275번이 제대로 작동하지 않았습니다"라고 할 수도 있지 않겠습니까.

살인범, 검사, 변호사, 판사…. 모두가 이야기하는 비사회적·비윤리적 행동에 대한 책임을 결국 누가 지는 것이 정의로운 판결일까요? 300년 전 계몽주의 사상가들과는 달리 현대 뇌과학에서는 변치 않는 '나'라는 존재를 받아들이기 어렵습니다. 그렇다고 개인의 책임을 신경세포들에게 전가하는 것도 문제가 있어 보입니다. 결론은 우리는 여전히 현대 과학이 밝혀낸 '인간의 조건'에 적합한 사회적·윤리적·경제적 프레임을 만들지 못했다는 것입니다. 신의 존재 아래 모든 것이 결정되었던 중세 프레임이 무너지고 '인간'을 중심으로 한 현대 사회가 만들어진 지 몇 백 년이 지난 오늘, 우리는 다시 처음부터 새로운 사회 프레임을 디자인하기 시작해야 한다는 말입니다.

# 05

## 감정은 무엇으로 구성되는가

감정이란 과거·현재·미래의 최적화된 결과다

인간의 생각, 판단, 행동 등을 진화적으로 해석하는 학문을 '진화 심리학evolutionary psychology'이라고 부릅니다. 심리학과 진화생물학의 원리를 조합해서 나름대로 과학적인 해석을 시도하는 학문이지요. 우리가 자아에 대해 이야기할 때 꼭 생각해야 할 것이 바로 진화입니다.

### 뇌를 구겨 커진 뇌를 담다

우리 뇌는 하루아침에 만들어진 것이 아니라 긴 진화 과정을 거치며 만들어졌습니다. 인류는 진화 과정을 거쳐 영장류가 되었고 뇌의 크기도 상당히 커졌습니다. 여기서 문제가 생겨납니다. 머리 크기는 그대로인데 뇌는 커진다는 점이지요.

우리가 섭취하는 에너지의 20~30퍼센트는 뇌로 들어갑니다. 우리 인류가 사냥으로 고기를 구워 먹기 시작하면서 단백질 흡수가 빨라졌고, 그만큼 뇌는 커졌습니다. 이렇게 커진 뇌를 머리가 담지 못한 탓에 태어나자마자 죽는 일들이 발생했습니다. 게다가 인간이 직립 보행을 시작하면서 골반과 자궁이 작아지는 만큼 뇌는 커져갔습니다.

이후 커진 뇌를 위한 해결책이 만들어졌습니다. 첫 번째 해결책으로, 뇌는 완성되지 않은 채로 태어나도록 설계되었습니다. 동물들은 대부분 몇 개월 이상 자식들을 돌보지 않습니다. 그 이상 돌봐야 할 경우 엄마가 아무것도 못하게 되어 생존을 위협받기 때문입니다. 하지만 인간은 다릅니다. 아기의 뇌는 완성되지 않은 채로, 즉 아무것도 못 하는 상태로 태어납니다. 이런 아기를 엄마는 오랫동안 돌봐야 하고요. 또 아빠는 아기와 아기를 돌보는 엄마를 돌봐야 합니다. 여기서 가족이라는 개념이 생겨났습니다.

인간도 과거에는 몇 년만 돌보는 것으로 충분했는데 요즘은 20년, 아니 30년 넘게까지 돌보고 있습니다. 진화론적으로 이것은 말이 안 되는 일입니다. 부모가 자식을 그토록 오랜 기간 먹여 살린 다음에야 자식이 독립적으로 성장한다는 것은 자연의 이치와 맞지 않습니다. 그러다 보니 아기는 뇌가 점점 더 미완성인 상태로 태어나게 됩니다. 하지만 이것도 한계가 있습니다. 우리 인간에게는 임신 기간이 9개월이 아닌 18개월 정도 되어야 한다는 가설이 있습니다. 태어나도 혼자서 몸도 제대로 못 움직이니, 18개월 정도는 엄마 배 속에 있어야 다른 동물들과 비슷한 수준이 된다는 것이지요.

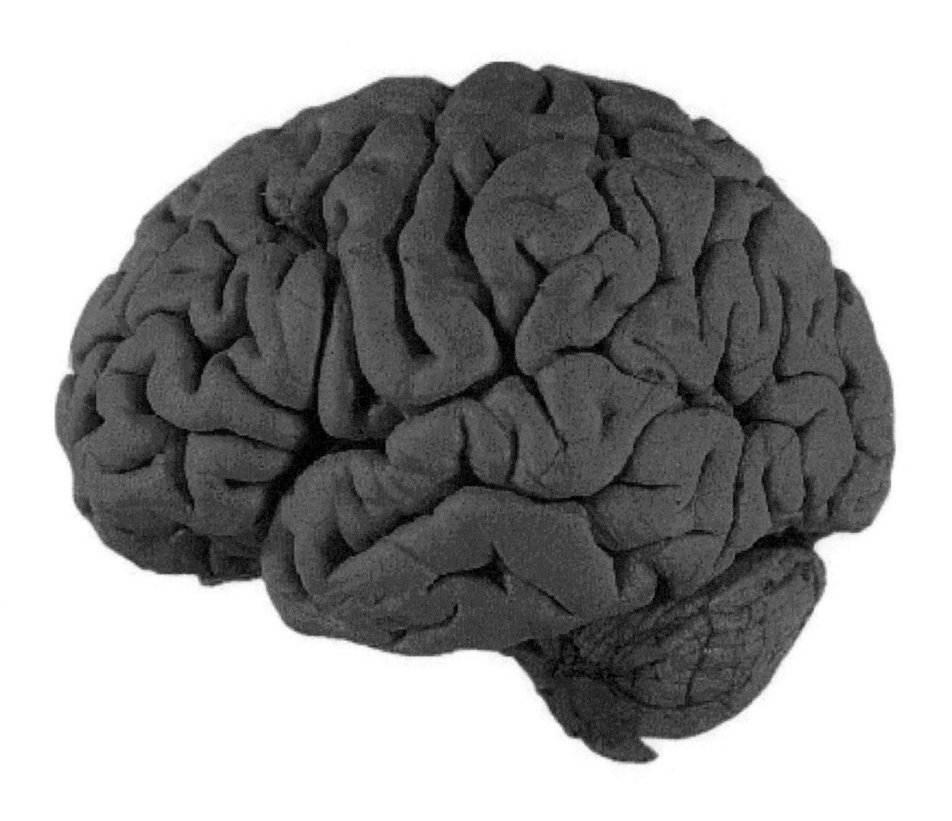

그렇다고 해서 임신 기간을 마냥 늘릴 수는 없습니다. 그래서 생겨난 해결책이 바로 뇌를 구기는convolution 것입니다. 이것은 뇌의 중요한 특징이면서 작은 머리가 커진 뇌를 담는 두 번째 방법이기도 합니다. 두개골 크기가 한정되어 있는 상태에서, 뇌를 구김으로써 뇌의 면적은 늘리되 부피는 늘리지 않는 똑똑한 해결책입니다.

## 뇌과학은 진화적 계층이 있는 고고학이다

여기서 하나 더 생각해볼 점이 있습니다. 우리 뇌의 크기는 커졌지만, 물고기였을 때 가지고 있던 뇌 영역을 대부분 그대로 가지고 있다는 것입니다. 우리 뇌는 더 커지면서 단지 새로운 계층이 만들어졌을 뿐입니다. 뇌를 컴퓨터에 비유하면 우리 머릿속에는 수십 대의 컴퓨터가 동시에 존재한다고 볼 수 있습니다.

고고학을 하는 친구는 늘 '뇌과학은 고고학'이라는 말을 합니다. 이야기인즉슨 이렇습니다. 분당이나 일산 같은 신도시는 집도 길도 모두 바둑판처럼 반듯합니다. 한 번에 설계가 되었기 때문이지요. 반면 예루살렘이나 로마 같은 오래된 도시들은 길이 반듯하지 않습니다. 오래된 도시는 한 번에 설계된 것이 아니라, 수백 수천 년을 거치며 예전에 있었던 길 위에 필요에 따라 새로운 길이 더해졌습니다. 옛 길을 다 지워버리지 않은 것은 지우는 데 너무 많은 에너지가 필요했기 때문일 것입니다.

뇌도 마찬가지입니다. 예전에는 진화를 거치며 형태가 새로워졌지만, 굳이 그전 것을 없앨 필요가 없었습니다. 그렇다 보니 뇌는 계속 겹치고 겹쳐져왔습니다. 쉽게 말해 우리 뇌는 양파 같은 구조로 되어 있다고 보면 됩니다. 수십 수백 개의 진화적 계층이 있겠지만 크게 세 개의 층으로 나뉩니다.

맨 아래층에 있는 뇌는 도마뱀 같은 파충류도 가지고 있는 뇌입니다. 이 뇌는 지금 이 순간의 생존을 위해 만들어진 기계입니다. 이 뇌에게 가장 중요한 것은 지금이라는 현재 시간입니다. 지금 이 순간 케이크가 있으면 그냥 먹으라고 하고, 무서운 것이 나타나면 도망가라고 지시합니다.

그리고 진화 과정에서 돌연변이들이 생겨났습니다. 우연히도 자신이 경험한 것을 기억으로 저장해둘 수 있는 해마 같은 기관이 생겨난 것이지요. 경험을 기억으로 저장해놓을 수 있는 이 회로망은 말 그대로 진화적인 '킬러 애플리케이션killer application'이었습니다.

현재만 이해하는 동물은 케이크가 있으면 그냥 먹겠지만, 과거를 기억하는 동물은 먹기 전에 그것을 먹고 배가 아팠던 과거 기억을 떠올리며 먹지 않을 수 있습니다. 결국 과거 위주의 뇌가 나타나면서 감정이 생겨나게 되었습니다. 감정이란 과거에 있었던 일들을 통해 그 과거에서 본 미래 즉 지금 어떤 일이 벌어질지를 판단한 다음, 거기에 '좋았다, 나빴다, 덜 좋았다, 더 좋았다'라는 식

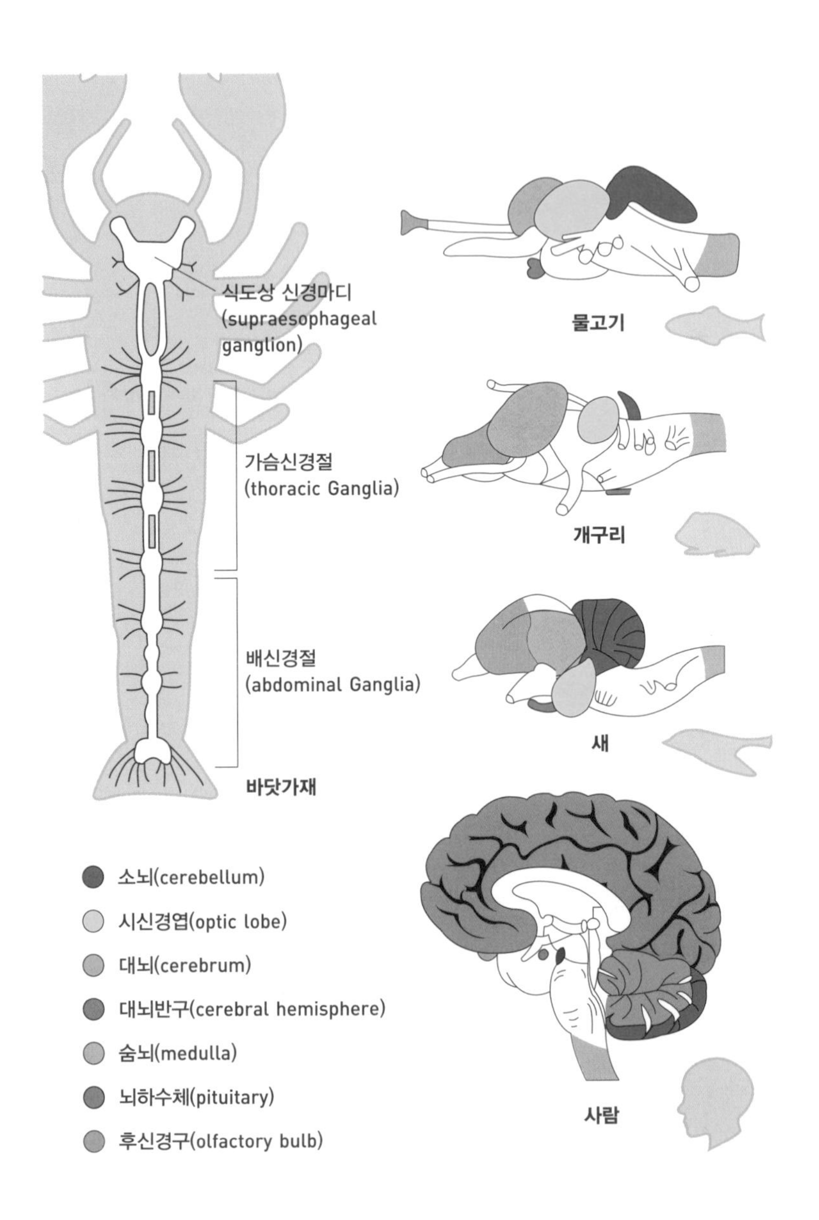
식도상 신경마디
(supraesophageal
ganglion)
가슴신경절
(thoracic Ganglia)
배신경절
(abdominal Ganglia)
바닷가재
물고기
개구리
새
사람
소뇌(cerebellum)
시신경엽(optic lobe)
대뇌(cerebrum)
대뇌반구(cerebral hemisphere)
숨뇌(medulla)
뇌하수체(pituitary)
후신경구(olfactory bulb)

으로 색을 입히는 것과 같습니다.

포유류의 대부분이 가지고 있는 이 과거 위주의 뇌는 어마어마한 혁신이었습니다. 하지만 우리 뇌의 진화는 여기서 그치지 않았습니다. 또 한번의 엄청난 혁신, 막강한 킬러 애플리케이션이 나타난 것입니다. 현재와 과거를 담당하는 뇌가 있으니 이제 남은 것은 미래겠지요. 그렇습니다. 우리 인간의 뇌에 추가된 뇌의 한 부분 즉 피질은 주로 미래를 예측하는 일을 합니다. 그래서 동일한 문제를 앞에 두었을 때, 우리 인간의 경우 뇌의 가장 바깥층을 구성하는 대뇌피질, 즉 미래 위주의 뇌가 항상 작동하며 강력한 영향을 미칩니다. 물론 이때도 아래에 있는 뇌의 다른 부분 역시 계속 작동하고 있습니다.

### 과부화된 뇌는 동물적인 답을 내놓는다

여기서 문제가 하나 생깁니다. 예컨대 문제는 하나밖에 없고 현실도 하나인데, 답은 3개가 나옵니다. 이는 선택 시 하나의 문제에 최적화된 답이 적어도 3개 이상 나올 수밖에 없음을 의미합니다. 하나는 현재에 최적화된 결과라면 또 하나는 현재는 물론 과거에도 최적화된 결과입니다. 그리고 남은 하나는 현재와 과거에 미래까지 더해져 최적화된 결과입니다.

이때 대부분의 경우 미래가 이기는데, 대뇌피질이 발달하면 다음과 같은 문제가 생깁니다. 계산 폭 또는 대역폭bandwidth이 상당히 좁은 탓에 동시에 많은 것을 할 수 없다는 것이지요. 심리학자들은 우리가 동시에 7~9개의 생각밖에 하지 못한다고 합니다. 그러다 보니 한꺼번에 여러 일을 하면 미래 위주의 우리 뇌는 용량이 부족해집니다. 예컨대 자동차 운전은 미래 위주의 뇌에게 상당히 부담스러운 일입니다. 눈으로 전방과 좌우를 주시해야 하고, 핸들을 잡고 미세하게 조정해야 하며, 뒤에서 오는 차도 거울로 확인해야 하기 때문이지요. 여기에다 전화 통화도 하고 라디오나 음악을 듣기까지 합니다.

이렇게 일고여덟 가지의 일을 하고 있는 상황에서 누군가 끼어들기라도 하면 어떻게 될까요? 평소에는 점잖은 사람도 자신도 모르게 욕이 나오기 마련입니다. 살아남고자 뇌가 최대한으로 작동하고 있는 상황에서 한계를 넘는 조건이 더해지면, 뇌는 더 이상 미래에 대해 객관적인 답을 내지 못하고 조금은 동물적인 답을 내리는 것이지요.

그렇다면 진화는 지금도 우리에게 영향을 미치고 있을까요? 진화심리학은 매우 흥미로운 분야이기는 하지만, 이미 일어난 현상들을 추후에 끼워 맞추는 것이 아니냐는 비판을 받기도 합니다. 진화 과정은 반복할 수 없으니, 과학적 접근에서 가장 중요하게 생각하는 '반복된 실험'을 설계할 수 없다는 문제를 가지고 있기도 합니다.

저도 개인적으로 인간의 모든 행동을 진화적으로만 해석할 수도 없고 해석해서도 안 된다고 생각합니다. 하지만 지난 수백만, 수천만 년의 진화 과정이 오늘날 인간의 행동과 생각에 여전히 영향을 미치고 있는 것만은 분명합니다.

감성적인 예를 하나 들어보겠습니다. 사람이 살아가는 데 사랑은 빼놓을 수 없는 조건입니다. 부모 자식 간의 사랑이 있다면 이성에 대한 사랑도 있지요. 우리에게는 생물학적으로 할아버지, 할머니가 넷 있습니다. 즉 엄마의 아빠, 엄마의 엄마, 아빠의 엄마, 아빠의 아빠가 있습니다. 이 중에서 손자 손녀들을 가장 사랑하고 시간과 에너지를 많이 투자하는 인물은 누구일까요? 통계적으로 보면 외할머니라고 합니다. 이것은 진화심리학적으로도 설명 가능합니다.

엄마와 아빠는 아이들에게 유전 형질을 50퍼센트씩 남겨줍니다. 그런데 실제로 우리가 받아들이는 확률은 조금 다릅니다. 엄마는 자식이 자신의 유전 형질을 50퍼센트 가졌다고 100퍼센트 확신할 수 있습니다. 그러나 아빠는 자식이 자신의 유전 형질 50퍼센트를 가졌다고 100퍼센트 확신할 수 없습니다. 혹여라도 남의 자식일 수도 있으니 '마이너스 알파'가 있을 수밖에 없습니다. 건전한 사회라면 마이너스 알파가 0에 가깝겠지만 어쨌든 엄마와 똑같을 수는 없는 것이지요. 그렇다면 엄마의 엄마는 딸도, 그 딸의 자식도 자신

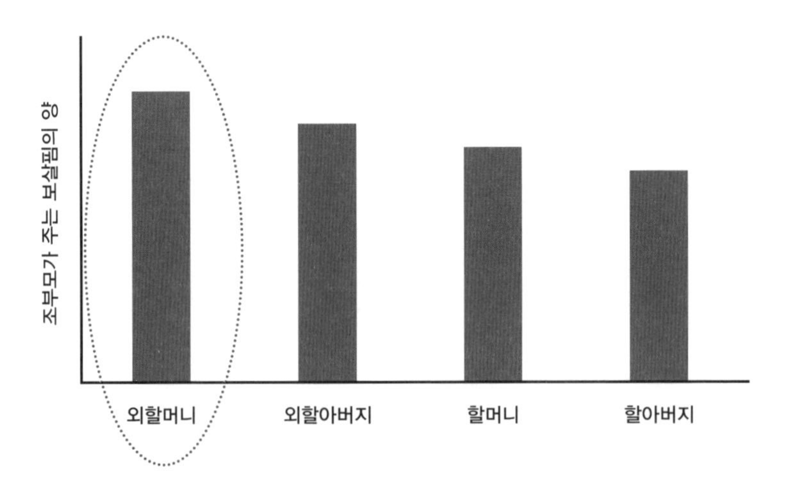
조부모가 주는 보살핌의 양
외할머니
외할아버지
할머니
할아버지

의 유전 형질을 매번 50퍼센트씩 물려받았을 확률이 100퍼센트가 됩니다.

반면 아빠의 아빠는 그 확률이 가장 낮습니다. 자식이 자신의 유전 형질을 물려받았는지 알 수 없는데다, 그 자식의 자식 역시 유전 형질을 물려받았는지 알 수 없기 때문이지요. 이런 상황에서는 확신이 높은 사람이 시간을 제일 많이 투자하는 것이 당연합니다. 결국 거의 일대일로 어느 정도의 에너지를 소비할지는 자신이 투자한 것에서 얼마만큼 거둬들일 수 있느냐에 달려 있다고 볼 수 있습니다.

# 2강

# 뇌와 정신

# ‘나’는 합리적인 존재인가

“나는 생각한다, 고로 나는 존재한다.”
너무나 당연하고 확실한 데카르트의 명제는 뇌가 손상되면 성립하지 않는다.
우리는 자신이 합리적으로 의사 결정과 선택을 한다고 생각하지만
인간의 선택은 대부분 비합리적이며 서로 연결되지 않고 독립적으로 이루어진다.
다만 우리 뇌가 선택을 정당화하기 위해
자신만의 이야기를 꾸며낼 뿐이다.

# 01

## 인간은 합리적인가

## 뇌는 선택을 정당화하는 기계다

우리는 대부분 자신은 합리적으로 의사 결정과 선택을 한다고 생각합니다. 그러나 인간의 선택은 대부분이 비합리적이며, 서로 연결되지 않은 독립적인 프로세스로 이루어집니다. 다만 우리 뇌가 그 선택을 정당화하기 위해 스토리를 만들어낼 뿐입니다.

### 인간은 합리적인 존재가 아니라 합리화하는 존재다

지금 우리가 살고 있는 세상은 과학화·산업화·선진화가 된 세상입니다. 이 프레임 안에서 누구는 앞서가고 또 누구는 뒤쫓아가는 세상을 살아가고 있습니다. 이 프레임이 규정하는 인간은 바로 합리적인 인간입니다. 다시 말해 계몽사상의 인간입니다. '인간은 신의 노예'라는 사고 모델을 가지고는 산업혁명을 이룰 수 없었겠지요. 모든 것이 어차피 신의 뜻으로 정해져 있다면 무엇도 할 필요가 없으니까요.

계몽주의적 인간이라는 모델은 서유럽에서 가장 먼저 만들어졌습니다. 왜 하필 중국도, 오스만 제국도 아닌 서유럽이었을까요? 이는 여전히 다양한 논쟁이 있는 문제이지만, 신보다는 인간, 믿음보다는 이성을 추구하는 사상가와 철학자는 물론 다양한 문화권에 존재했지만, 그들이 사회적·경제적·정치적 헤게모니를 장악한 곳은 서유럽이 처음이었다는 말입니다.

로크, 벤담, 스미스 등 계몽주의 철학자들이 제시한 모델을 우리는 오늘날 경제적 인간, 즉 호모 이코노미쿠스homo economicus라고 부릅니다. 인간은 자기 이익의 극대화를 합리적으로 추구하는 존재라고 보는 것이지요.

로크는 우선 인간은 독립적이라고 얘기했습니다. 인간이 독립적이지 않다면 아무것도 할 필요가 없을 것입니다. 벤담은 인간의 행동 규범, 가치관으로 공리성을 들었습니다. 공리성이란 최대 다수의 최대 행복을 추구하는 것을 말합니다.

그런데 홉스Thomas Hobbes나 마키아벨리Niccoló Machiavelli가 설파했듯이, 인간은 가만히 두면 서로 뜯어먹는 늑대이기에 사회라는 것이 필요합니다. 애덤 스미스는 인간은 이기적이지만 그 이기적인 인간을 시장에 잘 묶어두면 가장 효율적인 시스템이 될 수 있다고 보았습니다. 산업혁명 이후 만들어진 자본주의 시스템에서는 인간이 선해서 잘 사는 것이 아니라, 자기 것을 챙기려 각자 열심히 살다 보니 사회가 효율적으로 작동할 수 있었다는 것입니다. 사회의 자원을 가장 효율적으로 배정한 시스템을 경제학에서는 '파레토 최적pareto optimum'이라고도 부릅니다.

인간이 합리적이라면 우리는 파레토 최적 사회에 살아야 합니다. 여기서 합리적이란 결코 인간이 좋다는 것이 아니라 자신이 무엇을 원하는지 안다는 것을 의미합니다. 무엇을 원하는지 알아야 그것을 위주로 행동하고 미래도 계획할 수 있는 것입니다. 간단히 말해 우리 인간은 선호도preference라는 것을 가지고 있습니다. 사람마다 짬뽕보다 짜장면을, 정장보다 청바지를 선호하는 식으로 선호도가 있다는 것이지요.

선호도에 따라 자유롭게 선택할 수 있는 상황이라면 당연히 선호하는 것을 선택할 것입니다. 각자 자신이 가장 선호하는 것들을 가장 합리적으로 선택하는 시스템하에서는, 그 모든 것들이 합쳐져 가장 최적화된 가격이 매겨질 것입니다. 팔고 싶은 사람에게 최적의 가격이 있다면 사고 싶은 사람에게도 최적의 가격이 있을 것입니다. 이 두 곡선이 만나는 지점이 바로 균형 가격equilibrium price을 형성합니다. 아무런 방해도 받지 않는다면 이 곡선이 자연스럽게 형성될 수 있기 때문에, 이 시스템을 우리가 최대한 방해하지 않는 것이 좋다고 봅니다. 사실 이것은 수학적으로 증명도 되고 좋아 보이기도 합니다.

그런데 이런 시스템에서라면 멋있고 완벽해 보이는 사람들이 잘못된 선택을 하는 것은 왜일까요? 그것도 그런 잘못된 선택이 흔하게 볼 수 있는 일이라면? 1637년 네덜란드에서는 갑자기 튤립 마니아가 생겨 꽃 한 송이가 현재 가치로 5억 원 정도에 달했다고 합니다. 보름도 안 되어 썩어버릴 꽃 값이 도대체 왜 이렇게 폭등했을까요? 그 전날 4억 9999만 원에 산 사람은 그래도 조금은 돈을 벌었을 것입니다. 값이 계속 올라갈 것이라는 희망만 가지고 있다면 아무런 문제가 없습니다.

그뿐만이 아닙니다. 가끔씩 주식 시장이 망해서 사람들이 건물에서 투신하고 국가 경제가 무너지는 난리가 납니다. 이런 일은 계속해서 벌어져왔고 지금도 벌어지고 있습니다. 시장이 있고 또 누구도 시장을 방해하지 않는 상태에서, 사람들이 다 합리적인 선택을 한다면 이런 일이 벌어질 리가 없습니다. 그런데 역사에서는 이런 비합리적인 일들이 너무도 자주 일어납니다.

경제학에서는 이렇게 설명하고 있습니다. 가끔씩 시장이 미치는 것은 첫째, 시장을 방해하는 요소들이 있기 때문이라는 것입니다. 그리고 시장을 방해하는 그 요소들은 대부분 정부라는 주장입니다. 이를테면 나라가 법을 만들어서 시장을 이상하게 만들어놓는다는 것이지요. 여기서 정부가 없어지는 것이 가장 이상적이라는 자유지상주의libertarianism 이론이 나왔습니다.

조금 더 발달된 이유로 드는 것은 둘째, 시장은 완벽한데 정보의 불균형이 있다는 이론입니다. 정보를 조금 더 많이 아는 사람이 있고 덜 아는 사람이 있기에 수학적으로 최적화를 할 수 없다는 것이지요.

한편 영국 경제학자이자 철학자인 러셀과 비트겐슈타인Ludwig Wittgenstein의 친구였던 케인스John Maynard Keynes는, 수학적으로는 제대로 작동해야 하는데 그렇지 않으니 그냥 가끔 사람이 이상하게 동물같이 행동한다고 설명합니다. 보이지도 예측되지도 않는 인간의 야성적 충동animal spirit 때문이라는 것이지요. 하지만 가끔 술을 마시고 선택을 하는 등의 이상한 행동도 하지만, 그것은 예외일 뿐 인간은 대부분 합리적인 선택을 한다는 것입니다.

## 선택이란 임의적인 상호 작용의 결과다

그러나 뇌과학에서는 이를 정반대로 보고 있습니다. 우리는 대부분 비합리적인 선택을 하다가 가끔씩만 합리적인 선택을 한다는 것입니다. 그렇다면 선택이란 무엇이며 합리적 또는 비합리적 선택이란 무엇일까요?

사실 우리 인생은 선택의 꼬리 물기입니다. 태어나면서부터 죽을 때까지 우리는 늘 선택을 해야 하는 상황과 수도 없이 마주칩니다. 어떤 학교를 갈지, 무슨 차를 탈지, 누구와 평생을 함께할지, 어떤 야구팀을 응원할지, 더 사소하게는 오늘 점심은 무엇을 먹을지….

다시 말하지만 우리가 가지고 있는 인간 모델은 인간은 자신이 무엇을 원하는지 알고 있고, 원하는 것에도 선택의 우선순위가 있으며, 현실적으로 가능하다면 선호도 순서대로 선택을 한다는 것입니다. 언뜻 생각하면 이는 너무도 당연하게 여겨집니다.

하지만 정말 그럴까요? 우리가 어떤 선택을 할 때 그것은 인과적이고 논리적인 사고 작용의 결과가 아닙니다. 모든 선택에는 우리도 모르게 우리 행동을 좌우하는 수백 수천 가지 요소들이 존재합니다.

즉 선택이란 단 하나의 논리적이고 선형적인 인과 관계가 아니라 우리도 모르게 우리 행동을 좌우하는 수많은 요소들 예컨대 유전적인 요소, 철학적 근거, 학교에서 배운 것, 부모님이나 선생님 말씀, 단짝 친구가 하는 행동, TV에서 나왔던 얘기 따위가 가득 들어찬 풍경에서 나온다고 할 수 있습니다. 그 풍경 위에 공을 하나 굴리면 그 공은 또르르 굴러가 다른 것들과 섞입니다. 이런 식으로 여러 요소들과 복잡하고 임의적인 상호 작용을 한 끝에 선택은 이루어집니다.

우리는 자신이 왜 그런 선택을 했는지 모를 때가 많습니다. 1981년 노벨 의학상을 받은 로저 스페리Roger Wolcott Sperry는 '어쩌면 우리는 무의식적 선택을 먼저 하고 나중에 와서 이미 결정된 선택을 기반으로 선호도를 꾸며내는 게 아닐까'라는 질문을 던졌습니다. 뇌는 객관적으로 판단하는 기계가 아니라 이미 판단된 선택을 정당화하는 기계라는 주장입니다. 그렇다면 우리는 왜 선택을 정당화하며 이야기를 지어내는 것일까요?

여전히 논란이 많은 스페리의 가설은 이렇습니다. 인간은 우연한 선택을 필연이라는 이야기로 정당화하는데, 서로 관련 없는 우연한 선택들을 필연의 이야기로 정당화한 선線이 바로 '나' 즉 자아라는 것입니다. 다시 말해 자신의 기억 속에 있는, 서로 연결되지 않는 다양한 선택을 하나의 만들어낸 이야기를 통해 끼워 맞춘 것이야말로 바로 '나'라는 자아라는 주장입니다.

정말 우리는 판단을 먼저 해놓고 우리의 판단을 정당화하는 걸까요? 스페리의 주장을 뒷받침할 만한 사례는 일상에서도 흔히 찾아볼 수 있습니다. 예를 들어 뇌과학자들은 화가 날 땐 초콜릿을 먹을 것을 권합니다. 화났을 때와 배고플 때의 신체 반응이 똑같기 때문이지요.

일을 하다가 오후 서너 시쯤 되면 갑자기 화가 나는 경우가 있습니다. 그때 우연히 누군가와 마주치면 뇌는 이러저러한 설명을 만들어냅니다. 저 사람은 일을 잘 못하고, 경비를 헤프게 쓰고, 이기적이고…. 자신의 화를 정당화하는 것이지요. 이렇게 화가 났을 때 초콜릿을 하나 먹게 되면 한결 화가 가라앉습니다. 사실은 배가 고팠던 것이지 화가 났던 것이 아니기 때문이지요.

선택의 정당화를 건설적으로 사용할 수도 있습니다. 학교나 직장에서는 때때로 싫은 사람과 어쩔 수 없이 일을 해야 할 경우가 있습니다. 우리는 보통 이런 경우 생각을 바꿔보라고 권합니다. 하지만 생각을 바꾼다는 것은 절대 쉽지 않은 일입니다. 특히 성인이 된 이후에는 더욱 어렵습니다.

단, 행동은 바꿀 수 있습니다. 마음에 안 드는 사람과 어쩔 수 없이 일해야 한다면, 눈 딱 감고 2주 동안만 그 사람에게 잘해주면 됩니다. 함께 시간을 보내고 커피를 마시고 얘기를 들어주다 보면 뇌가 해석을 하기 시작합니다. 자신이 이 사람한테 잘해주고 함께 보내는 시간이 많으니 여기에는 분명 이유가 있을 것이다, 이 사람도 사실은 좋은 점들이 있다는 식으로 이유를 만들어내 자신의 행동을 정당화하는 것입니다.

## 학습과 경험을 통해 선택은 좌우될 수 있다

그렇다면 우리의 선택은 언제나 진화 과정과 뇌의 정당화 알고리즘을 통해 이미 결정되어 있다는 말일까요? 인간은 뇌와 진화라는 쇠사슬에 묶여 사는 기계에 불과할까요? 물론 아닙니다. 우리에게는 경험과 학습이라는 변수가 존재하기 때문입니다.

러시아 생리학자 파블로프Ivan Petrovich Pavlov의 유명한 개 실험을 기억해보지요. 오른쪽 사진에서 산타클로스 같은 하얀 수염의 신사가 이반 파블로프 박사입니다. 실험이 끝나면 매번 사용되었던 개의 뇌가 해부되었다는 걸 알기 때문일까요? 어쩐지 개가 매우 불쌍해 보입니다.

이 실험에서 개는 종을 치면 아무 반응이 없다가도 음식만 보면

침을 흘립니다. 몸이 만들어내는 본능적인 반응이지요. 그런데 음식과 종을 같이 자주 연결시키면 어떻게 될까요? 개는 처음에는 음식을 보고 침을 흘리지만 나중에는 종만 쳐도 침을 흘립니다. 반복된 경험을 통해 '종'과 '음식' 사이에 상호 관계 또는 인과 관계가 형성된 것입니다.

어떻게 그런 일이 벌어질까요? 아직 완벽하게 밝혀지지는 않았지만, 신경세포들을 연결하는 시냅스synapse들이 반복된 경험을 통해 강화된다는 것이 현재까지 가장 유력한 이론입니다. '종'과 '음식'이라는 정보를 코딩하는 스파이크들이 반복적으로 특정 신경세포에 동시에 도착하면 시냅스에 있는 NMDA라는 분자를 통해 이온 통로ion channel(이온이 세포 안팎을 출입하는 통로)의 정보 전달 확률이 달라집니다. 다시 말해 특정 경험이 우리 뇌의 하드웨어 자체를 바꾸어놓을 수 있다는 말입니다!

이는 오늘날 광고에서 흔히 활용되는 수법입니다. 멋진 자동차를 소개할 때 늘씬한 여성이 서 있는 광고가 적지 않습니다. 이런 광고에 계속 노출되다 보면 자동차만 봐도 사고 싶어집니다. 자동차만 봐도 늘씬한 여성이 연상되어 갖고 싶은 마음이 들기 때문이지요.

이처럼 많은 광고는 팔고 싶은 것과 본능적으로 선호하는 것을 동시에 보여줍니다. 정치인이 어린아이를 안고 있는 장면을 노출하는 것도 이와 다르지 않습니다. 정치인이 어린아이를 안고 있을 때, 우리는 정치인에게는 관심을 두지 않지만 어린아이는 귀엽다고 생각합니다. 그런 장면을 반복해서 접하게 되면 정치인을 봐도 어린아이가 떠오르게 됩니다. 당연히 그 정치인에게도 호감을 갖게 되는 것입니다.

왓슨John Broadus Watson이라는 악덕의 과학자로 유명한 사람이 있습니다. 왓슨은 인간의 모든 것은 경험으로 만들어지며 우리의 자아는 100퍼센트 경험이라고 말했습니다. 당연히 틀린 말이지요. 그는 자신에게 무작위로 어린아이 100명만 주면 자신이 원하는 대로 키울 수 있다고 공언했습니다. 한 명은 살인자로, 또 한 명은 평화주의자로, 또 한 명은 천재 등으로 다르게 키울 수 있다는 터무니없는 주장이었습니다.

왓슨은 심리학 역사상 가장 비도덕적인 실험을 진행한 학자로도 유명합니다. 바로 '꼬마 앨버트Little Albert' 실험입니다. 태어난 지 얼마 안 된 아기들은 동물을 보면 귀여워합니다. 그런데 왓슨은 꼬마 앨버트가 동물을 만지며 귀여워할 때마다 괴물 가면을 쓰고 고함을 지르며 앞에 나타납니다. 실험이 반복되자 앨버트는 괴물이 나타나지 않더라도 털만 보면 울음을 터뜨렸습니다. 동물을 보면 귀여워해야 할 아기로 하여금 털이 있는 동물에게 공포심을 갖도록 한 것이지요.

왓슨은 이 실험을 통해 비록 인간의 선호도가 학습과 경험을 통

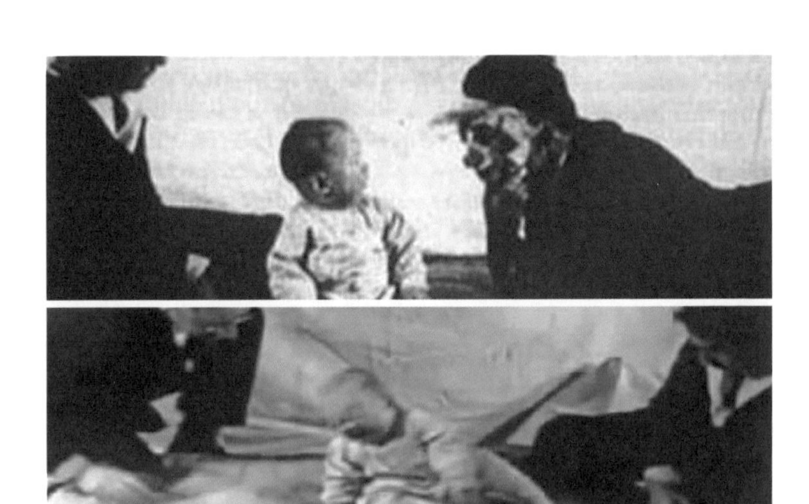

해 만들어질 수 있다는 사실을 증명했지만, 동시에 앨버트라는 한 인간의 인생을 완전히 망쳐놓을 수도 있는 비도덕적인 실험을 한 것입니다.

얼마 전 국내 예능 프로그램에서도 비슷한 사례가 있었습니다. 어린 자녀와 아빠들 간의 알콩달콩한 이야기 덕분에 인기 있는 방송에서 공포스러운 장면을 보고 놀라는 아이들의 '귀여운' 모습을 담은 적이 있습니다. 이때 아빠들은 아이들의 뇌에서 어떤 일이 벌어지고 있는지 알고 있었을까요? 한 예능 프로그램의 인기를 위해 앞으로의 아이들 인생을 어떤 식으로 바꾸어놓은 걸까요? 이는 왓슨의 실험과 똑같은 윤리적 문제를 던지는 상황입니다.

인간의 모든 행동은 결국 경험을 통해 만들어지며, 특정 경험을 통해 원하는 모든 행동을 만들어낼 수 있다고 주장하던 행동주의 심리학은 20세기 초 상당히 인기를 끌었습니다. 파블로프와 왓슨의 실험적 근거가 있었으니 말입니다.

행동주의 심리학의 대가이자 하버드 대학 교수였던 스키너Burrhus Frederic Skinner는 반복된 '보상 학습'을 통해 원하는 행동을 자동화시켜 만들어낼 수 있다고 주장했습니다. 보상 학습이란 내가 원하는 행동을 했을 때 상대에게 보상을 해주는 방법을 말합니다. 즉 당근과 채찍을 번갈아 주는 것으로, 잘하면 당근을 주고 못하면 채찍을 줌으로써 결국 자신이 원하는 대로 만드는 방법이지요.

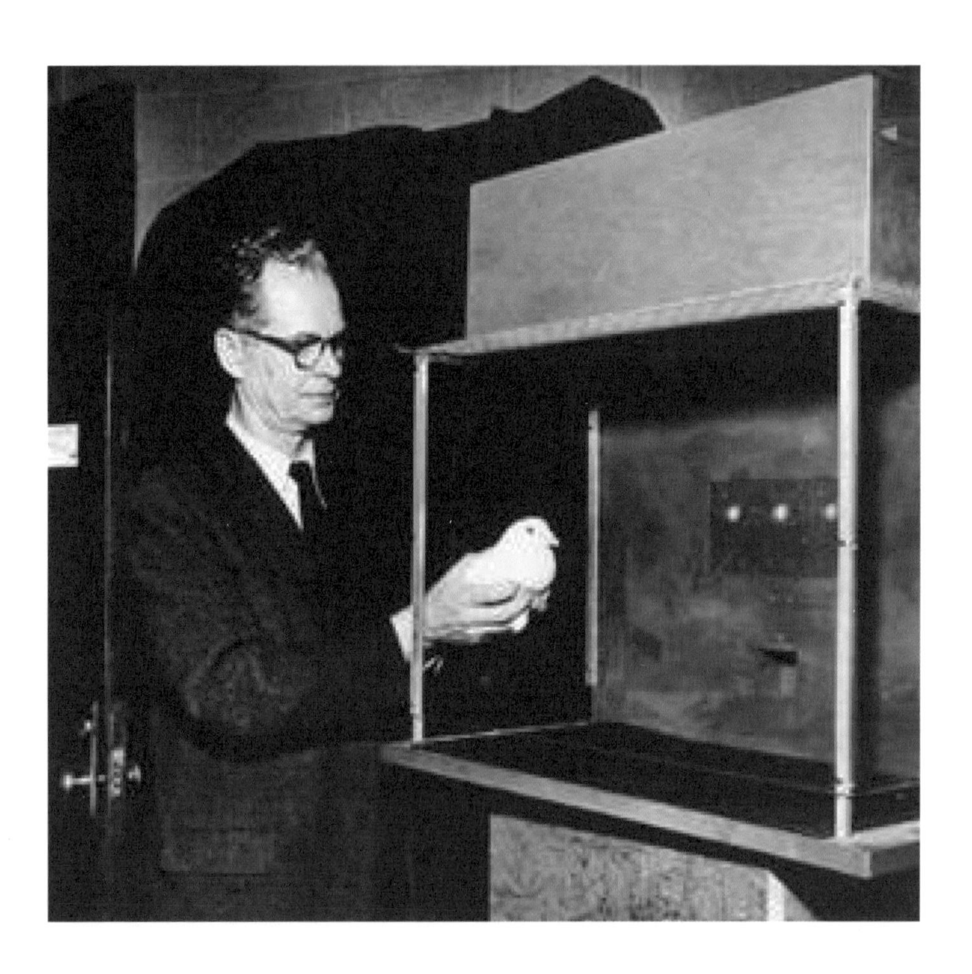

스키너는 비둘기를 이용한 실험으로 보상 학습을 증명하고자 했습니다. 실험은 이렇습니다. 비둘기가 어느 한쪽으로 움직일 때 보상을 해주면 비둘기는 좀 더 그쪽으로 움직입니다. 보상을 더 해주면 그쪽으로 더 많이 움직입니다. 이러기를 반복하다 보면 비둘기는 자신이 원하지 않았는데도 계속 한 바퀴를 돌게 됩니다. 한 바퀴 돌면 먹이가 나온다는 믿음이 비둘기에게 생긴 것으로 볼 수 있습니다.

이를 두고 스키너는 종교 의식ritual의 기원이라고 말한 바 있습니다. 내가 원하면 어떤 일이 벌어진다는 믿음, 뭔가를 똑같이 반복해서 순서대로 하면 원하는 일이 일어난다는 믿음이 바로 종교적 의례의 밑바탕이라는 주장입니다. 예를 들어보겠습니다. 비가 안 오는 상황에서 내가 우연히 무엇을 했는데 비가 오는 경우가 있습니다. 이때 나는 내가 그 무엇을 했기에 비가 왔다는 생각을 할 수 있습니다. 그렇다면 또다시 비가 안 오는 경우 비가 오도록 하기 위해 그 무엇인가를 더 열심히 하게 됩니다.

우리 인간은 어떤 행동을 했을 때 보상을 받지 못하면 잊어버리는 경향이 있습니다. 반대로 특정 행동을 했을 때만 좋은 일이 일어났다면 그런 사실만큼은 잘 기억하게 됩니다. 즉 어떤 행동을 아흔아홉 번 해도 비가 안 오는 반면, 어떤 행동을 한 번 했는데도 비가 오면 그런 사실을 중요하게 받아들입니다. 확률적으로는 무의미하지만 내게는 의미 있는 일이 된다는 얘기입니다.

이를테면 꿈에서 오랫동안 만나지 못한 친구를 만났다고 합시다. 아침에 이 친구에게서 전화가 오면 깜짝 놀랄 것입니다. 꿈에서 친구를 만났기 때문에 친구가 전화를 했다고 생각할지도 모릅니다. 사실 우리가 꿈꾼 것 중 대부분은 현실에서 일어나지 않습니다. 현실에서 일어나지 않는 일은 기억을 못하지만, 꿈속의 일이 실제 현실에서 일어났다면 엄청난 신호가 되어 내 기억 속에 남게 됩니다. 내가 특정 행동을 했는데 원하던 일이 일어나면 그것만 강하게 기억으로 남아 있게 된다는 뜻이지요.

이렇게 새로운 전통이 생겨납니다. 즉 제물을 바쳐도 비가 안 오면 내가 잘못한 것이라는 해석을 내리게 됩니다. 제물을 제대로 안 바친 것이 잘못이니 제대로 된 제물을 바쳐야겠다는 생각을 하게 되는 것이지요. 그런데도 비가 안 온다면? 그럴 때도 예컨대 내 옷차림이 적절하지 않아서 비가 안 왔다는 식의 해석을 내립니다. 이런 식으로 일차적으로는 눈에 보이는 것들을 바꾸게 됩니다. 그런데도 계속해서 비가 안 오면, 결국에는 마음 자세가 안 되었다는 해석을 내리게 됩니다. 마음 자세가 잘못되었기에 원하는 일이 안 일어난다는 것입니다.

# 02

## 믿음은 왜 생겼는가

## 인간의 뇌에는 예측 코드가 있다

스키너, 왓슨, 파블로프. 그들의 주장대로 우리의 모든 행동과 전통이 경험을 통해 만들어진다는 말은 무리일 듯합니다. 하지만 반대로 인간의 그 어떤 믿음과 편견도 절대 학습된 행동의 결과가 아니라는 주장도 근거가 없어 보입니다.

19세기부터 발견되기 시작한 수많은 벽화들. 특히 라스코Lascaux, 쇼베Cahuvet, 그리고 최근 알타미라Altamira에서 발견된 벽화들은 수만 년 전 작품이라고는 도저히 믿어지지 않을 만큼의 예술성을 자랑합니다. 등을 구부리고 기어가야만 도달하는 장소들. 연기 자욱한 횃불 없이는 코앞도 보이지 않는 동굴. 왜 우리 조상들은 그곳에 들어가 코뿔소와 말과 사슴을 그린 걸까요?

## 인간은 예측하고 행동하는 동물이다

우연히 그려진 선과 동그라미. 어느 한순간 라스코, 쇼베, 알타미라의 원시인들 눈에 들어온 물체는 더 이상 단순한 동그라미와 선이 아니었는지도 모릅니다. 어린 시절 파란 하늘의 구름을 보며 동물들을 상상하던 우리와도 같이 그들 역시 이미 잘 알고 있었던 물체들을 상상해본 것이 아니었을까요? 언제나 배가 고팠던 그들. 열 번 나가면 한두 번 성공하는 사냥. 배부르게 먹어보는 게 소원이었던 그들에게 동그라미와 선들이 사슴과 말로 보였던 것은 너무나 당연했는지도 모릅니다.

그러던 어느 날, 멋진 사슴과 코뿔소를 그리고 난 후 나간 사냥에서 우연히 그 어느 때보다 더 많은 코뿔소와 사슴이 잡혔다면? 마치 스키너의 비둘기같이 우리 조상들 뇌에서는 '사슴의 그림'과 '배부르게 먹을 수 있는 사슴 고기'들 간에 인과 관계가 만들어졌을 것입니다. 동물이 안 잡히면 그림을 잘 못 그린 것이고, 완벽한 그림을 그렸는데도 안 잡히면 정성을 덜 들인 것으로. 그것은 새로운 의식, 그리고 더 나아가 어쩌면 새로운 종교의 시작이었는지도 모릅니다.

어떻게 보면 신의 존재 역시 편견의 산물이라 할 수 있습니다. 자연과 현실에 대한 예측 능력이 떨어질 때 인간은 신과 같은 존재를 만들어냅니다. 즉 신에 대한 숭배와 의존을 통해, 인간에게는 불합리하고 부조리하게 여겨지는 자연 현상을 이겨내고자 한 것이지요. 오른쪽 아래 그림을 보시기 바랍니다. 원시 시대 때 입에 무엇인가를 물고 확 불어 도장을 찍은 것입니다. 손도장의 의미는 무엇일까요? '나!'라는 것이 아니었을까요? 정말 '나!'라면 왜 이런 것

을 남겼는지 궁금해집니다. '나라는 존재가 사후 세계와 연결되지 않을까' 하고 상상을 한 흔적으로 보입니다. 우리가 알고 있는 종교라는 것은 그리 오래 되지 않았습니다. 예배를 드리는 건물이 있고 섬기는 신이 있는 종교는 기원전 5000~6000년쯤에 생겨났습니다. 그전에 있었던 것은 토테미즘totemism, 샤머니즘shamanism이었습니다. 여기서는 사후의 세계가 무척 중요했습니다.

이에 대해 인류학에서는 다음과 같이 설명하고 있습니다. 어느 순간 호모 사피엔스의 뇌가 커지면서 예측하는 기능이 생겨났다고요. 뇌의 핵심 기능 중 하나로 예측 코드predictive coding라는 것이 있습니다. 과거의 경험을 바탕으로 앞으로의 일을 효율적으로 처리하는 뇌의 기능 중 하나이지요. 뛰어다니거나 사냥을 할 때 인간은 '실시간 프로세싱'이 불가능합니다. 뇌가 실시간보다 느리게 반응하기 때문입니다. 그래서 우리는 예측을 통해 상황을 미리 판단한 다음 행동에 옮깁니다.

예측 코드가 얼마나 중요하고 필요한 것인지는 로봇을 보면 알 수 있습니다. 로봇은 예측을 하지 못합니다. 로봇이 어려워하는 것은 복잡한 연산이 아니라 물잔을 들어 올리는 것 같은 단순한 동작입니다. 물잔을 들라는 명령을 받으면 로봇은 우선 힘 조절을 위해 물잔의 무게를 측정합니다. 그런 다음 물잔을 들어 올릴 만큼의 힘을 주어 물잔을 들어 올립니다. 하지만 우리 인간은 그렇게 하지 않습니다. 그냥 물잔을 들어 올립니다. 물론 이때도 실시간이 아닌 예측으로 합니다. 팔을 뻗었을 때는 이미 물잔이 얼마나 무거운지 예측하고 힘 조절이 된 상태로 볼 수 있습니다.

이것뿐만이 아닙니다. 계단을 내려가는 일도 로봇은 어려워합니다. 로봇은 발 하나를 갖다 대고 각도를 측정한 다음 조심스럽게 계단을 내려갑니다. 반면 우리는 별 어려움 없이 껑충껑충 계단을 내려갈 수 있습니다. 이 역시 뇌의 예측을 통한 동작 구현의 사례입니다. 이것 말고도 일상생활에서 우리는 상당히 많은 것들에 대해 예측을 합니다. 우리의 뇌 특히 피질은 예측하는 기계로 알려져 있습니다.

이렇게 예측을 하는 이유는 무엇일까요. 생존 확률이 높아지기 때문입니다. 세상에서 일어나는 온갖 일들을 그냥 우연으로 받아들일 때와 예측을 한 뒤 행동할 때를 비교해봅시다. 우연으로 받아들이는 경우 우리는 내일 비가 올지 사냥을 할 수 있을지 아무것도 알지 못하게 됩니다. 따라서 당연히 내일 상황에 대한 준비도 할 수 없게 되겠지요. 반면 예측을 하게 되면 날씨와 상황에 대비해 적절한 준비를 할 수 있게 됩니다. 따라서 더 많은 사냥을 하고 먹이를 구할 수 있게 되지요. 결국 아무런 준비를 하지 않는 사람과 예측을 통해 준비를 하는 사람은 생존 확률이 다를 수밖에 없습니다. 예측 능력이 커질수록 생존 확률 역시 높아진다는 얘기입니다. 이렇게 보면 우리 인간에게 피질이 얼마나 중요한 역할을 하는지 알 수 있습니다.

## 예측 능력이 없을 때 토테미즘이 발생한다

예측 기능은 생존에 커다란 영향을 미칩니다. 예측 기능이 발달할수록 생존 확률 역시 높아집니다. 반대로 예측 기능이 떨어지면 생존 확률 역시 떨어져 살아가기가 무척 힘들어집니다. 피질이 발달하지 않은 머나먼 과거의 사람들은 지금보다 수명이 짧았고 불안한 환경에서 살 수밖에 없었습니다. 이때 발생한 것이 바로 토테미즘, 샤머니즘이었습니다.

과거 인류는 행위가 일어나기 위해서는 무엇인가 행위를 하는 존재가 있어야 한다고 생각했습니다. 어떤 일이든 스스로 일어나는 것이 아니라 일어나게 만드는 원인에 해당하는 존재가 있을 것으로 생각했습니다. 예를 들어 비가 내리는 자연 현상이 있다면 비를 내리게 하는 무엇인가가 있을 것으로 여겼습니다. 해가 뜨면 해를 뜨게 하는 존재가 있으며, 나무가 자라면 나무를 자라게 하는 존재도 있을 것으로 여겼습니다.

이렇게 만물의 행위를 일으키는 존재는 우리의 눈에는 보이지 않습니다. 우리 눈에는 행동의 결과만 보일 뿐입니다. 이렇게 자연 만물 하나하나마다 그 뒤에는 보이지 않는 존재가 있을 것이라는 생각이 토테미즘의 시작이었습니다. 말하자면 토테미즘은 과거 인류가 불합리하고 부조리한 자연 현상을 이해하고 수용하는 하나의 방법이었습니다.

그런데 만물 하나하나마다 무엇인가가 붙어 있다고 하면 그 존재들이 너무 많아집니다. 토끼 뒤에는 토끼 신이, 사자 뒤에는 사자 신이, 뱀 뒤에는 뱀 신이 있다면 신이 너무도 많아집니다. 그래서 과거 사람들은 생각했습니다. 모든 동물을 담당하는 존재가 하나 있다면 모든 식물을 담당하는 존재도 하나 있을 것이고, 하늘에서 일어나는 일들을 담당하는 존재가 하나 있다면 물에서 일어나는 일들을 담당하는 존재도 하나 있을 것이라고. 이런 식으로 공통된 존재들에게 신들이 하나씩 있다고 보았습니다. 그 결과 신의 수는 점차 줄어들기 시작했습니다.

고대인들의 생각은 여기서 그치지 않았습니다. 사실 눈에 보이지 않는 존재들은 인간을 이롭게 하기보다, 화가 난 것처럼 비와 천둥을 내리고 죽게 만듭니다. 그래서 과거 사람들은 이에 대한 해결책을 생각해냈습니다. 신을 인간화했습니다. 신을 눈에 보이는 존재로 만들고자 한 것이지요. 그런데 아무리 생각해봐도 인간화할 수 있는 것은 조상밖에 없다는 판단에서 조상을 숭배하기 시작했습니다.

약 9500년 전 이스라엘의 예리코Jericho 같은 데서는 조상의 해골을 사람의 모습으로 형상화했습니다. 특히 가장 오래된 조상의 해골에 찰흙을 붙이고 정교한 눈을 만들어 마치 살아 있는 것처럼 꾸몄습니다. 조상들이 자신들 곁에서 계속 살아 있으면 귀신이 안 된다는 믿음 때문이었습니다. 이들은 조상의 시신이 집 바깥으로 나가는 순간 육체에서 영혼이 떨어져나가는데, 이 육체가 없는 영혼,

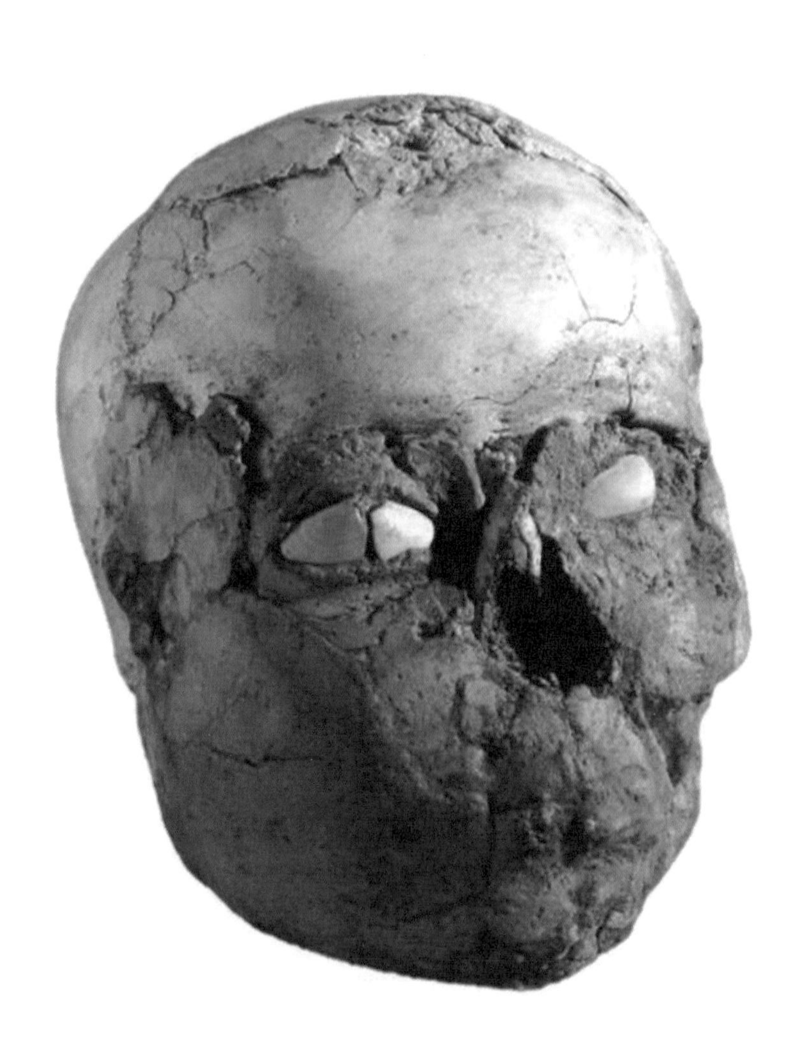

즉 귀신이 살아 있는 사람들에게 온갖 나쁜 일들을 한다고 보았습니다. 이런 이유로 조상을 여전히 살아 있는 듯한 모습으로 꾸며 곁에 두고 숭배하게 된 것입니다.

## 나의 경계는 어디일까?

묵상, 명상은 생각의 착시를 알아내기에 좋은 예입니다. 묵상이나 명상을 할 때 우리는 나와 세상, 자아와 우주가 하나가 되는 느낌을 받습니다. 고요한 장소에서 눈을 감고 앉아 있노라면, 세상은 사라지고 나라는 자아만 남아 있는 느낌이 듭니다. 그러다 시간이 지나면 세상과 내가 흐르는 물처럼 하나가 되면서, 나를 가로막던 경계가 사라지는 것을 경험할 수 있습니다.

1960년대의 미국과 유럽은 혼란의 시대였습니다. 2차 대전이 끝나고 고향으로 돌아온 아버지들 덕분에 태어난 수많은 '베이비부머들'. 전쟁과 배고픔을 모르고 자란 그들. 군인과 피난민이 아닌 평범한 젊은이로서 외국 여행을 할 수 있었던 그들. '히피족'이라 불리던 그들은 그 누구보다 더 자유분방하고 새로운 것에 호기심이 많던 세대였습니다. 새로운 나라와 사상, 처음 들어본 음악과 처음 맛본 음식. 지금까지 경험하지 못한 모든 것이 궁금하던 그들은 LSD와 같은 환각제, 요가, 묵상을 통해 '나'라는 존재의 경계 역시 경험하려 했습니다. 예를 들어 '자아 확장용 탱크'라는 것이 있었습니다. 들어가면 탱크 속은 시커먼 물로 가득 차 있을 뿐 빛도 없고 경계도 없으며 내 몸도 보이지 않는다고 합니다. 그리고 캄캄한 탱크 속 물 위에 떠 있으면 자신의 몸이 사라지는 것을 느꼈다고 합니다.

왜 그럴까요? 뇌과학자로서 상상해보자면 캄캄한 탱크 속에 들어가는 순간 우리 뇌가 사용할 수 있는 차이 값이 더 이상 느껴지지 않아서이지 않을까 싶습니다. 가령 서서 강의를 할 경우, 자신이 서 있으며 바닥이 있음을 알고 있기에 몸과 바닥의 차이 값을 느낄 수 있습니다. 허리가 아프다는 것을 느끼는 이유도 이것입니다. 반면 빛이 안 들어오는 장소에 누워 붕 떠 있다는 것은 아무런 힌트가 없다는 것입니다. 시간과 공간의 상태를 알 수 있는 힌트가 없다는 뜻이지요. 이렇게 5분 정도 있으면 신기하게도 몸이 사라지는 것을 느낀다고 합니다. 몸은 사라지는데 생각은 남아 있다고 합니다.

그런데 시간이 더 지나면 나라는 자아의 위치가 흔들리기 시작합니다. 바깥세상과 나의 경계가 없어지기 때문이지요. 이를 통해 보면 나라는 자아가 머리에 있다는 것 역시 착시입니다. 나라는 자아도 감각을 통해 내가 만들어낸 해석이다 보니, 해석할 수 있는 정보가 달라지면 아무런 대조나 차이가 없어 나의 경계를 모르게 되는 것입니다. 한마디로 내가 어디에 있는지 모르게 된다는 말입니다.

우리 주위에도 이런 공간들이 있습니다. 아무것도 보이지 않는 카페가 그 예입니다. 이 카페에 들어서면 사방이 컴컴해서 아무것도 보이지 않습니다. 신기한 것은 내 손이 안 보이면 몸 전체가 어디 있는지 모르게 된다는 점입니다. 다만 움직이는 느낌은 있기에 내가 어디 있는지 추론을 할 뿐입니다. 이때 움직이지 않고 가만히 있으면 내가 어디에 있는지 전혀 모르게 됩니다. 앞서 설명한 탱크 속 경험과 다르지 않습니다.

왜 이런 일들이 벌어질까요? 우리 눈에 보이는 현실 자체가 뇌의 해석이라는 얘기입니다. 즉 우리의 감각을 통해 들어오는 그림자를 가지고 뇌가 만들어낸 결과물이라는 것이지요. 그래서 우리는 서로를 알아볼 수도 없고 완벽히 이해할 수도 없는 것입니다.

# 03

## 정신도 병드는가

정신 질환은 뇌가 손상된 결과다

요즘 대중매체에 범죄와 연관되어 정신 질환에 관한 이야기가 많이 나오고 있습니다. 정신 질환자로 알려진 이들 가운데는 실제로 병을 갖고 있는 분도 있고 그렇지 않은 분도 있습니다. 정신 질환은 특별한 병이 아니라 뇌의 특정 영역이 손상되어 나타나는 현상입니다. 이는 손상된 뇌를 복원할 수 있다면 정신 질환도 치료될 수 있음을 의미합니다.

## 망가지는 뇌의 영역에 따라 정신 질환도 달라진다

뇌과학의 발달로 뇌가 본격적으로 연구되기 이전에는 정신 질환을 그냥 정신이 미친 병이라고 생각했습니다. 정신이 나가 보통 사람과 다른 해괴한 생각과 행동을 한다는 것이었지요. 그래서 대다수의 사람들과 다르게 보이는 사람이 있으면 사회에서 몰아내거나 죽이는 등 격리시키는 방법을 썼습니다. 중세의 마녀사냥이라는 명목으로 저질러진 여성 살해가 대표적인 예입니다.

오른쪽 그림은 1500년경 르네상스 시대의 네덜란드 화가인 히에로니무스 보스Hieronymus Bosch의 작품 〈어리석음의 치료The Extraction of the Stone of Madness〉(1494~1516)입니다. 제가 좋아하는 그림 중 하나입니다.

왜 그랬는지는 모르지만 중세 때는 정신 질환자라고 하면 머리에 꽃이 들어 있는, 보통 사람과는 다른 존재로 여겼습니다. 그래서 미친 사람의 머리를 수술하면 그 속에서 꽃이 튀어나온다고 했습니다. 그런데 아무리 봐도 제 눈에는 고깔 비슷하게 생긴 모자를 쓴 의사가 더 이상해 보입니다. 책을 머리에 뒤집어쓰고 있는 여성도 다를 바 없습니다.

정신 질환이 과학의 영역으로 들어오기 시작한 것은 19세기부터였습니다. 여기에는 네 명의 학자들이 중요한 역할을 했습니다. 바로 폴 브로카Paul Broca, 카를 베르니케Carl Wernicke, 알로이스 알츠하이머Alois Alzheimer, 세르게이 코르사코프Sergei Korsakoff입니다. 이분들의 이름은 현재 과학과 의학 분야의 역사가 되었습니다. 브로카와 베르니케는 뇌의 특정 영역을 지칭하는 단어가 되었고, 알츠하이머는 알츠하이머병Alzheimer's disease이라는 병명의 기원이 되었습니다.

앞서 말씀드렸듯이 시각을 담당하는 뇌의 영역이 후두엽에 있다면, 청각을 담당하는 영역은 측두엽에 있습니다. 그리고 대부분의

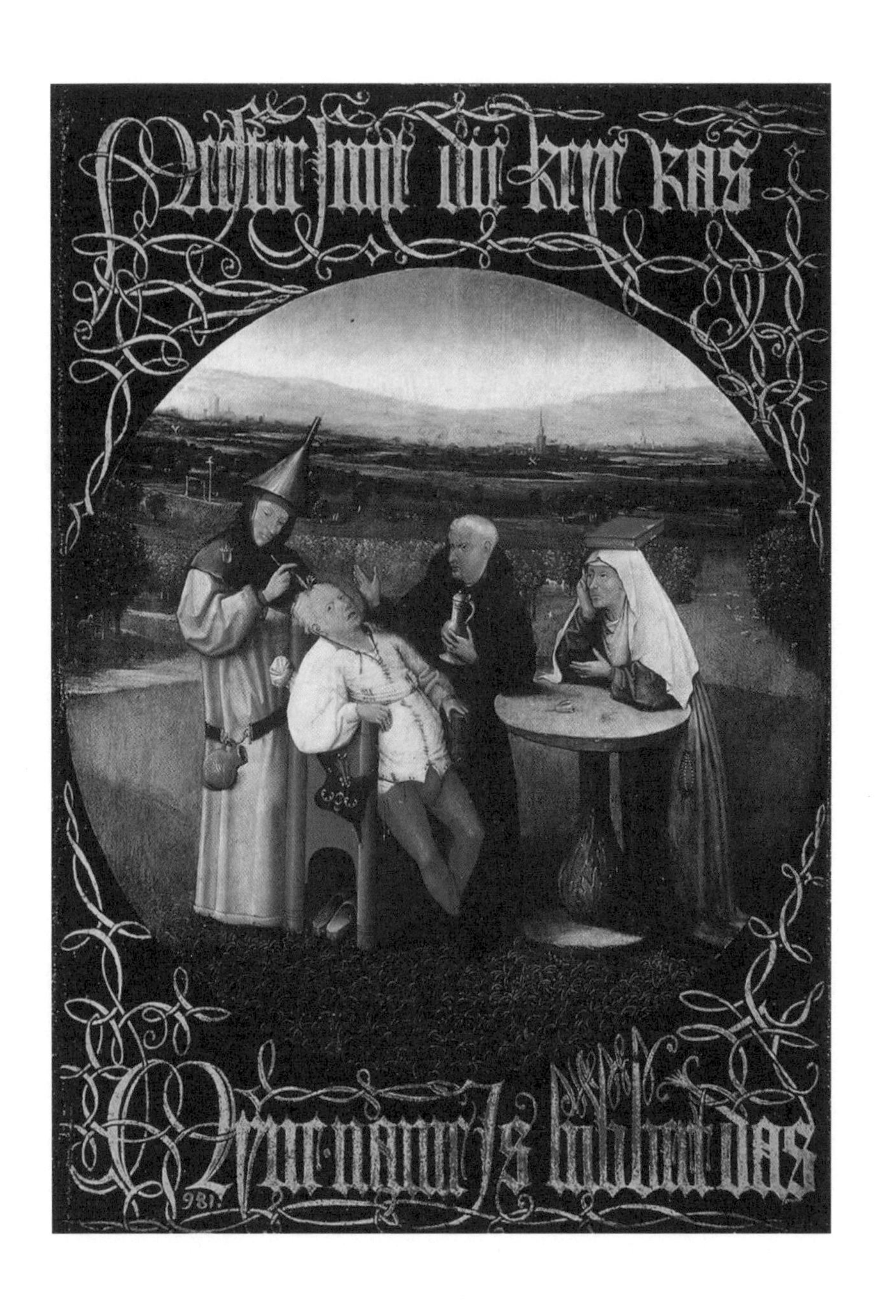

사람들의 경우 언어 기능은 왼쪽 측두엽 앞부분에서 담당합니다. 이를 브로카 영역Broca's area이라고 부르는데, 이 영역이 망가지면 말을 못하게 됩니다.

브로카 영역이 발견된 것은 150년밖에 되지 않았습니다. 루시탕이라는 이름의 농부가 곡괭이에 머리가 찍히는 사고를 당했습니다. 당시에는 흔히 있는 사고였습니다. 루시탕이 죽은 뒤 그의 의사였던 폴 브로카가 두개골을 열어보니 망가진 곳이 왼쪽 측두엽과 전두엽 사이 한 군데밖에 없었다고 합니다.

뇌의 언어 영역 중에는 베르니케 영역Wernicke's area이란 곳도 있습니다. 비교해보면 브로카 영역은 말을 하게 만드는 영역이라면, 베르니케 영역은 말의 의미를 만드는 영역입니다. 베르니케 영역이 망가지면 말은 청산유수인데 그 내용이 다 의미가 없는 난센스라고 합니다. 의미를 만드는 기능이 망가져 아무 말이나 골라 무작위로 뱉는 것입니다. 예를 들면 옷걸이를 뜻하는 'hanger'를 'naget' 같은 의미 없는 단어로 바꿔 말하는 식입니다. 이렇듯 우리들 뇌의 영역 중 어느 부분이 망가졌느냐에 따라 발현되는 정신 질환도 달라지게 됩니다.

알츠하이머는 알츠하이머병을 발견하고 연구한 학자입니다. 치매 환자의 약 50~80퍼센트의 원인 질환이 알츠하이머병이라고 합니다.

코르사코프는 러시아 의사로 술을 많이 마시면 기억력이 없어진

폴 브로카 카를 베르니케

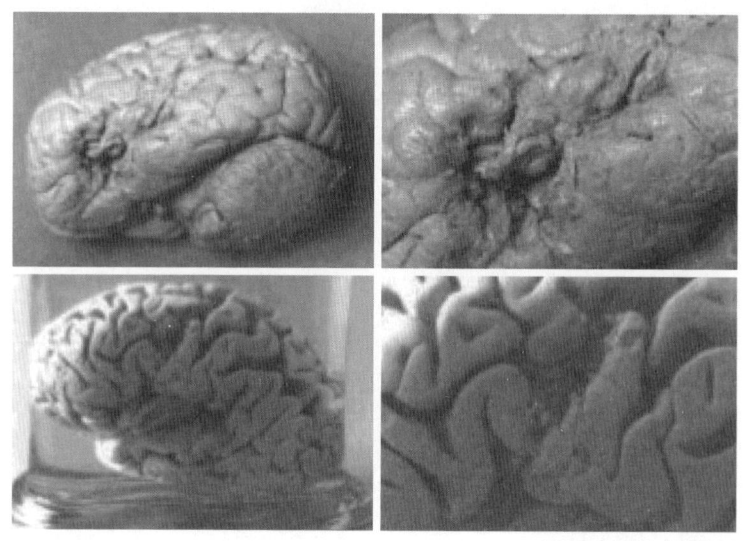

브로카 영역이 손상된 뇌

다는 사실을 밝혀낸 분입니다. 러시아 사람들이 보드카를 많이 먹고 기억력 감퇴에 시달리는 것을 오래 관찰한 결과였습니다. 보통 술을 많이 먹으면 기억력이 감퇴됩니다. 간이 나빠지는 것은 물론 뇌에도 나쁜 영향을 미칩니다.

뇌과학에서 볼 때 알코올이 몸에 많이 들어가면 뇌의 해마세포에 안 좋다고 합니다. 해마는 기억을 관장하는 뇌의 부위로, 나라는 자아가 유지되는 데 꼭 필요한 기능을 합니다. 기억은 자아를 성립시키고 유지시키는 전제 조건입니다. 그런데 해마가 손상되면 새로운 정보를 기억할 수 없는 탓에 나라는 자아의 토대가 흔들리게 되는 것이지요.

게다가 해마는 쉼 없이 활동해야 하는 부위입니다. 예를 들어 청각 신경망은 소리를 귀로 듣지 않으면 작동하지 않습니다. 시각 신경망 역시 눈을 감으면 활동을 하지 않습니다. 쉴 시간이 있다는 뜻이지요. 하지만 해마는 끊임없이 일을 해야 합니다. 일을 많이 하면 당연히 망가질 위험성이 커집니다. 실제로도 술을 많이 마시면 해마세포가 가장 먼저 망가집니다.

## 눈에 안 보이는 다리가 머리에는 있다면

언어 영역만이 아닙니다. 뇌의 시각 영역 손상에서 기인한 병도 있습니다. 동작맹Akinetopsia과 안면인식장애prosopagnosia가 그것입니다. 동작맹은 사물이 다양하게 나뉘어 보이는 병입니다. 일반적으로 뇌에는 색깔과 형태, 입체감 등을 이해하는 영역이 다르게 분포되어 있습니다. 만약 머리에 암이 생기거나 다치게 되면 그 부분만 망가질 수 있습니다.

예를 들어 움직임의 영역에 뇌졸중이 생기면 사물이 움직이는 모양이 안 보인다고 합니다. 다음 그림처럼 장면이 뚝뚝 끊어져서 정지된 스냅 샷처럼 보인다더군요.

안면인식장애는 얼굴을 인식하는 뇌의 영역이 망가졌을 때 생기는 병입니다. 뇌졸중으로 이 영역이 망가지면 다른 것은 다 보이는데 얼굴만 안 보인다고 합니다. 몸의 다른 부분들은 다 보이는데 가위로 오려낸 듯 얼굴만 사라진 채 안 보인다는 것이지요.

한편 사람의 얼굴을 구분하지 못하는 병도 있습니다. 우리가 몸의 부분 가운데 가장 많이 예측하는 것은 바로 얼굴이라고 합니다.

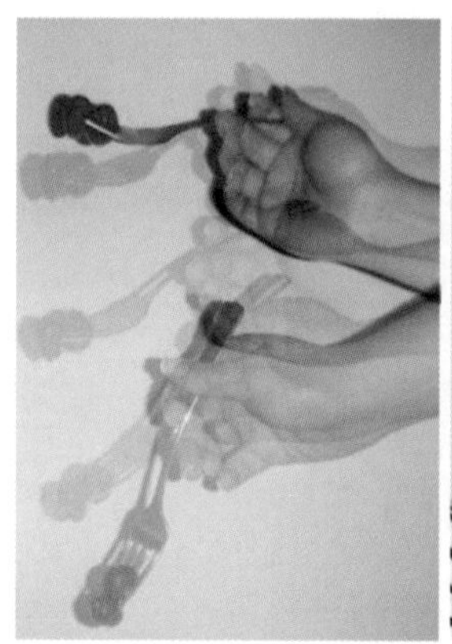

사람의 얼굴을 보아야 그 사람이 나를 도와줄지 아닐지를 예측할 수 있기 때문입니다. 그만큼 얼굴이 생존에 중요하다는 얘기지요. 그런데 이런 병들은 얼굴을 알아보고 판별하는 기능이 망가진 탓에, 그만큼 생존에 큰 위협을 받을 수 있습니다.

그런가 하면 수술을 하거나 교통사고를 당해 다리를 절단했는데도 다리에 통증을 느끼는 환상통phantom limb pain이라는 병도 있습니다. 환자의 뇌 안 지도에는 다리가 여전히 있지만 눈에는 안 보이는 탓에, 극심한 다리 통증을 느낀다고 합니다. 그렇다면 왜 이런 일이 생길까요? 내 눈에 보이는 몸과 내 머릿속에 있는 몸이 일치하지 않기 때문입니다. 이 경우 거울로 다리가 두 개인 것을 보여주면 통증은 씻은 듯이 사라진다고 합니다. 약물 치료도 안 될 만큼 극심하던 통증이 한순간에 사라진다더군요.

바로 거울요법Mirror Therapy이라는 UCSD의 빌라야누르 라마찬드란Vilayanur S. Ramachandran 교수가 개발한 방법으로, 현재 여러 병원에서 치료 방법으로 연구 중입니다. 특히 스위스 로잔 공과대학 연구에 따르면 가상현실VR을 사용해 환자에게 몸이 여전히 완벽하다는 것을 보여주면 곧바로 통증이 사라진다고 합니다.

인공 다리를 이용하는 방법도 있지만, 이것은 인공 다리가 환자의 다리와 정확하게 일치하지 않으면 소용이 없습니다. 그러니 내 기억 속에 있는 다리를 거울로 직접 보여주는 방법이 더 효과적이라 할 수 있습니다.

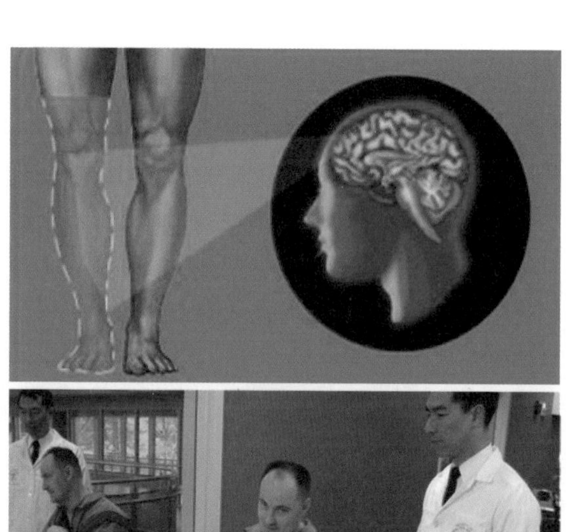

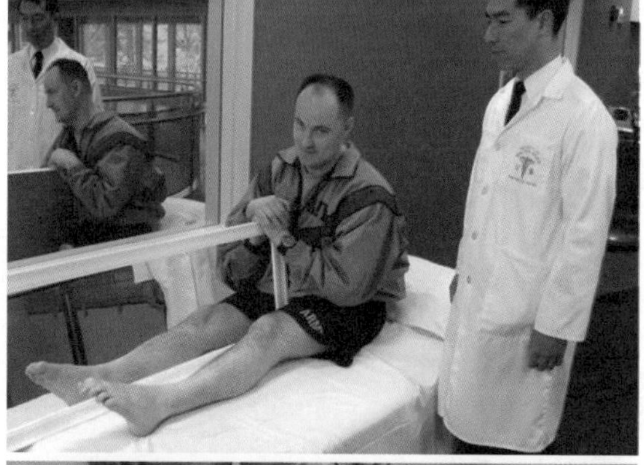

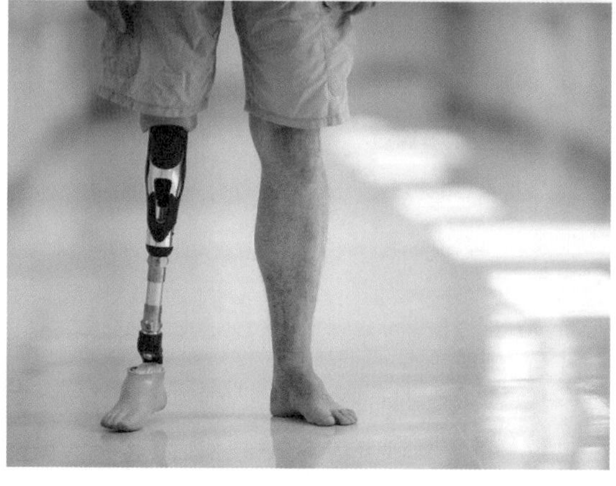

반대로 신체통합정체성장애BIID, Body Integrity Identity Disorder라는 병도 있습니다. 뇌졸중 등으로 뇌 안 '다리' 영역을 코딩하는 영역이 망가질 경우 생길 수 있는 현상입니다. 뇌는 다리가 없다고 생각하는데 눈에는 여전히 다리가 보이니 말입니다. BIID 환자는 극심한 공포와 통증을 느낀다고 알려져 있습니다.

상상을 해보지요. 나는 분명히 다리가 없다고 생각하는데 내 몸에 다리같이 생긴 이상한 무엇이 대롱대롱 매달려 있다면? 마치 호러 영화 한 장면을 보는 듯한 공포를 느낄 만합니다.

극심한 두려움 때문에 멀쩡한 다리를 자르는 환자들도 있다고 합니다. 대부분의 나라에서는 물론 멀쩡한 다리 절단 수술은 금지입니다. 그래서 몰래 동남아나 아프리카까지 가 자신의 다리를 절단하는 환자들까지 있다고 합니다. 이분들에게 "사람은 다리가 두 개죠?" 하고 물으면 "맞아요"라고 합니다. 이어 "당신 다리도 두 개가 맞죠? 이것이 당신 다리죠?"라고 물으면 "아니요"라고 합니다. 보통 사람들로서는 이해가 안 갈 수 있겠지만, 이것 또한 엄연히 존재하는 병입니다.

뇌가 알고 있는 몸과 보이는 몸과의 차이 때문에 정상적인 삶을 살 수 없는 신체통합정체성장애를 앓고 있는 환자들. 그런가 하면 겉으로 보기에는 아무 이유가 없는데 무기력을 느끼는 병도 있습니다. 바로 쾌락불감증Anhedonia이라는 병입니다.

1953년 캐나다 맥길 대학의 신경과학자들인 제임스 올즈James Olds와 피터 밀너Peter Milner가 쥐의 학습 행동을 연구하던 중 이 병의 원인을 찾아냈습니다. 이들은 쥐에게 음식을 먹는 것과 전기 자극을 받는 것 두 개의 옵션을 주었습니다. 그러자 굶주린 쥐는 기아 상태에 있었음에도 불구하고 먹이가 아닌 전기 자극을 받기를 택했다고 합니다.

아래 그림의 오른쪽 하단 뇌 안에는 쾌락중추Pleasure Center라는 영역이 있습니다. 이 영역을 자극할 수 있는 지렛대를 만들어주자, 쉬지 않고 수백 번 두드리다 지친 쥐도 있었다고 합니다. 이에 대해 올즈와 밀너는 보상 때문이라는 결론을 내렸습니다. 행동에 대해 보상을 받고 또 그것으로 쾌락을 느끼는 것이 생존보다 더 중요하다는 것이지요.

사실 모든 중독 상태는 보상으로 인한 쾌락 때문에 일어납니다.

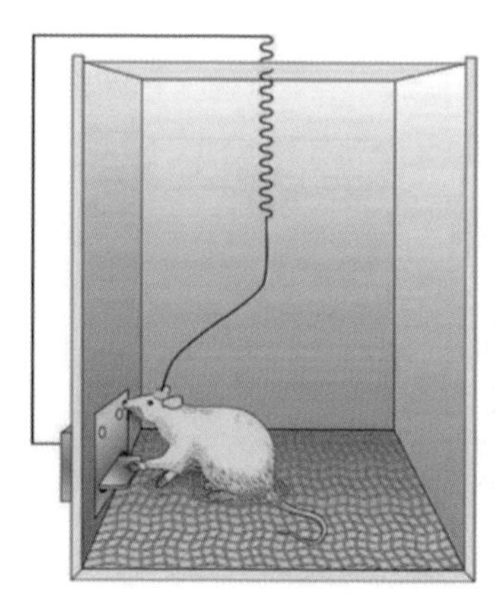

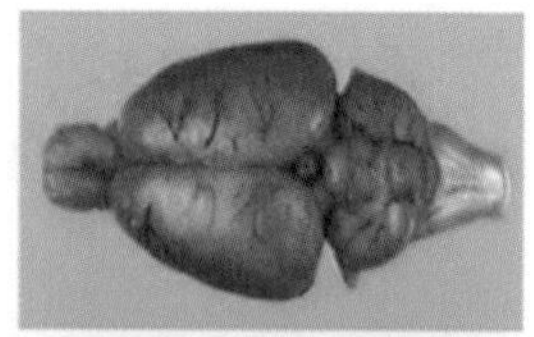

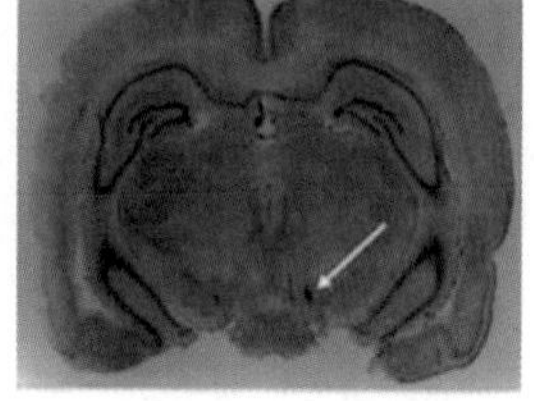

반대로 쾌락불감증은 보상이 완전히 끊어진 상태를 가리킵니다. 무엇을 해도 보상이 안 되니 무기력에 빠지는 것이지요.

## 나는 생각한다, 고로 나는 존재하지 않는다

환각Hallucination은 정신 질환 가운데 가장 유명한 것으로, 존재하지 않는 것이 눈에 보이는 병입니다. 이 병에 대해 알고 싶다면 〈뷰티풀 마인드A Beautiful Mind〉라는 영화를 추천하고 싶습니다. 영화이다 보니 어쩔 수 없이 왜곡된 내용들도 있지만, 전반적으로 1994년에 노벨 경제학상을 수상한 천재 수학자 존 내시John Nash의 인생을 잘 보여줍니다.

내시는 미래가 총망한 MIT 교수였던 30대 초반부터 환청과 환각에 시달리기 시작합니다. 남들에게는 들리지도, 보이지도 않는 것들이 보이고 들리기 시작했던 것이지요. 절대 있을 수 없는 일들이 일어나기 시작하자 내시는 자신에게 말합니다. 이 모든 것은 환각일 뿐이라고. 하지만 인간에게 눈에 보이고 귀에 들리는 것보다 더 확실한 게 있을까요?

환청 또한 이와 비슷합니다. 독일 한 그룹의 연구 결과에 따르면 환청이 들리는 환자 뇌의 청각 영역에서는 진짜 소리를 들을 때보다 더 많은 신경세포들이 반응을 한다고 합니다. 적어도 뇌의 관점에서 보자면 환청과 환각은 그 어느 것보다 더 실제적인 현실이라는 말입니다.

분명히 존재하는 것을 보지 못하는 뇌. 존재하지 않는 것을 현실보다 더 확실하게 인식하는 뇌. 현실을 왜곡하는 우리 뇌의 한계는 어디까지일까요?

정신 질환 중 한 가지인 '코타르 증후군Cotard's syndrome'이라는 희귀병이 있습니다. '좀비 병' 또는 '걷는 시체 증후군'이라고도 불리는 이 병에 걸린 환자들은 본인이 죽었거나 더 이상 세상에 존재하지 않는다고 생각합니다. 너무나 신기하고 이해하기 어려운 병입니다.

데카르트의 "나는 생각한다, 고로 나는 존재한다", 우리에게는 너무나 당연하고 확실한 명제입니다. 그런데 코타르 증후군 환자들에게 데카르트는 설득력이 없습니다.

여전히 생각하는 자신의 결론이 결국 자신이 존재하지 않는다는 믿음이니 말입니다!

## 히스테리, 열등한 여성들만의 질병?

코타르 증후군 이야기를 하다 보니 너무 마음이 무거워지는 것 같습니다. 그래서 조금 더 가벼운 '병'에 대해 이야기하겠습니다. 바로 여성 히스테리Hysteria입니다.

물론 히스테리는 뇌가 손상되어 나타나는 실질적 정신 질환이 아닙니다. 다만 시대적·문화적 배타성이 여성에게 투영된 이데올로기적 현상일 뿐입니다. 즉 여성은 히스테리가 심해 생산성이 떨어지고 인류에게 도움이 안 된다는 식으로 여성 비하를 정당화하는 것입니다. 문명사 안에서 남성과 여성을 구분한 다음, 남성은 논리적으로 계획을 해서 문명을 만든 존재라면 여성은 종잡을 수 없는 비논리적 존재로 문명 발달에 기여한 바가 없다고 생각했던 것입니다.

그런데 신기하게도 19세기 유럽에서는 여성 히스테리를 인류 역사상 아주 중요한 병으로 보았습니다. 특히 프로이트의 스승이자 19세기 정신과 최고의 대가였던 프랑스 의사 장-마르탱 샤르코Jean-Martin Charcot는 당시 여성 히스테리의 기질적 요인을 밝히기 위해 최면술을 포함한 다양한 '과학적 실험'을 실행하기도 했습니다.

아무튼 역사상 여성적인 것을 부정적으로 여긴 이유는 바로 히스테리 때문이라는 것이 19세기 과학의 설명입니다. 따라서 히스테리 문제를 풀면 여성의 문제를 풀 수 있고, 여성의 문제를 풀면 인류가 한층 발전할 것으로 보았습니다. 사실 19세기에는 인간의 절반에 해당하는 여성을 생산성이 없는 존재, 놀고먹는 존재로 비하했습니다. 남성들 자신이 여성이 활동할 수 없는 시스템을 만들어 놓고, 왜 여성은 세상을 정복하지 못하고 왜 과학과 화학을 잘 못

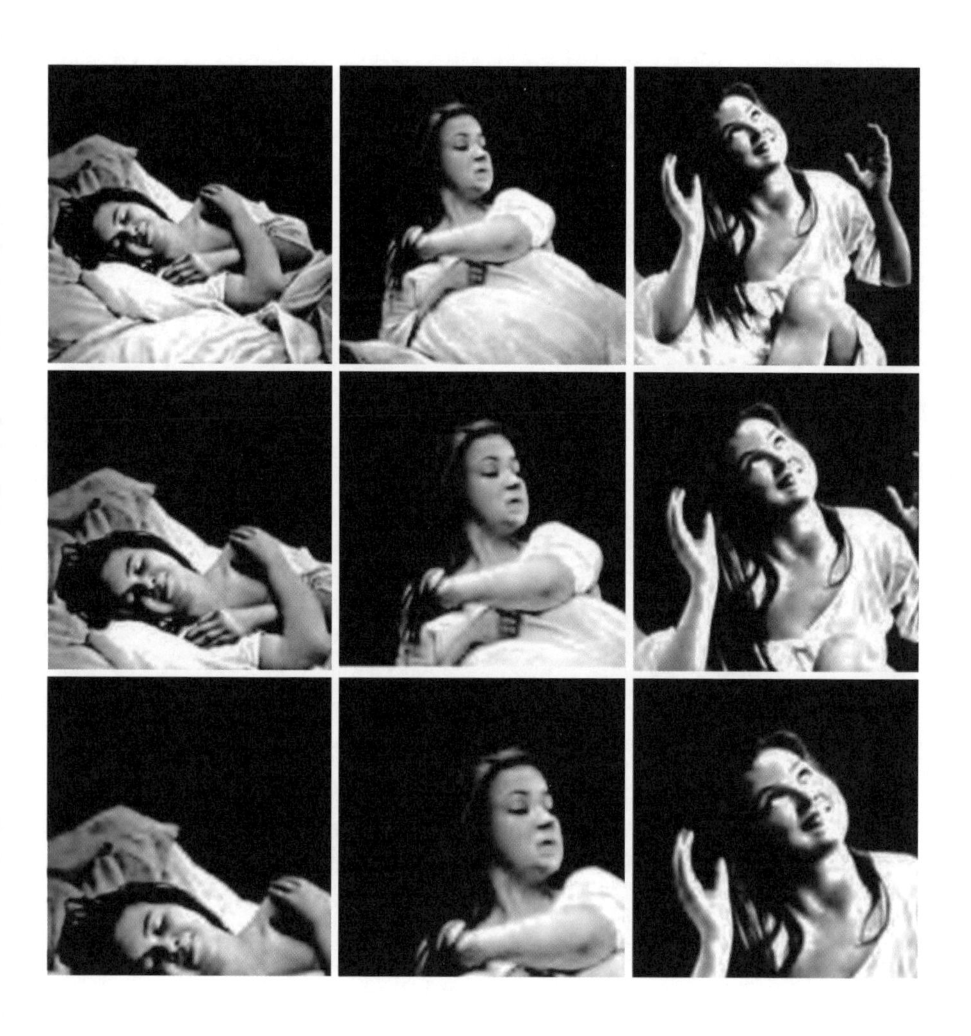

하냐고 한 것이지요.

이러한 논리는 이후 식민주의 사상을 정당화하는 수단으로 이용되기도 했습니다. 즉 아시아인들은 여성적이기에 남성적인 유럽인들의 지배를 받았다는 것이지요. 20세기 초에 만들어진 할리우드 영화들에서 아시아인들은 항상 여성적으로 표현되어 있습니다. 눈이 찢어진 아시아인들은 백인들 집에서 집사나 요리사로 일하면서 여성스러운 높은 톤의 목소리로 백인 명령에 복종하는 역할을 주로 맡았지요. 인기 드라마 〈보난자bonanza〉에 등장하는 '홉싱Hop Sing'을 기억하시면 될 듯합니다. 비생산적이고 게으르고 비합리적인 여자와 아시아인.

그런가 하면 아시아인과 여성은 동시에 백인 남성들에게 위협적인 존재이기도 했습니다. 여성은 '건전한' 남성을 유혹하고, '속을 알 수 없는 동양인'들은 마치 1930년도 영화 〈플래시 고든Flash Gordon〉에 등장하는 '무자비한 밍Ming the Merciless'처럼 언제나 음모를 꾸미는 것 같으니 말입니다. 남자가 보호해주어야 하는 귀엽지만 어리석은 입센Henrik Ibsen의 '노라' 또는 혐오스러운 창녀. 이것이 19세기 백인 우월주의 남성들이 믿었던 여성의 모습이고 또한 다른 인종 남자의 모습이었습니다.

헬조선을 원망하는 대한민국 젊은이들이 가장 살고 싶어 하는 서유럽과 북유럽. 하지만 불과 100년 전까지 독일, 영국, 프랑스,

노르웨이는 인류 최악의 인종 차별주의와 남성 우월주의가 득실거렸던 나라들이었습니다. 그리고 그런 민족들 사이에서 1500년을 살아야 했던 유대인들. 가뭄으로 농사를 망치면 유대인들 때문이라고 학살하고, 도시에 전염병이 돌면 유대인들이 몰래 우물에 독을 탔다며 여자, 어린아이 가리지 않고 죽였습니다. 동유럽에서는 18세기 때까지 '첫날밤의 권리'를 행사하기도 했습니다. 유대인 여성이 결혼하면 첫날밤을 남편이 아닌 지역 성주와 보내야 했던 것입니다.

1500년간의 불평등과 학살. 고향이 없는 자들의 수난. 끝이 보이지 않는 고통. 많은 유대인들이 자기혐오에 빠지기까지 했습니다. 특히 오토 바이닝거Otto Weininger라는 오스트리아 유대인 철학자가 그랬습니다. 그는 히틀러가 가장 좋아했던 철학자라고 합니다. 히틀러가 항상 얘기하기를, 유대인 중에 제정신 있는 사람은 바이닝거 한 사람뿐이라고 했다더군요.

『성과 성격Sex and Character』이라는 책에서 바이닝거는 유대인은 본질적으로 여성적인 민족이라고 하며 여성은 남자한테 얹혀살면서 새로운 것을 만들지 못하고 이미 있는 것을 기억해서 쓰기만 한다고 주장합니다. 마치 '남성적인' 게르만 민족에 얹혀사는 유대인들을 19세기에 최고로 혐오스럽게 생각했던 '여성적인' 성격의 민족인 양 해석한 것입니다. 수백 년 동안 지속된 유럽인들의 차별과 무시가 유대인으로 하여금 스스로를 혐오하도록 만든 것이지요.

나중에 바이닝거는 자살을 했습니다. 이를 두고 히틀러는 가장 똑똑한 유대인도 자살을 했으니 다른 유대인들도 다 죽어야 한다고 했습니다.

독일 철학자 클라우스 테베라이트Klaus Theweleit는 『남성 판타지Male fantasies』라는 책에서 인종 차별주의, 여성 혐오주의, 나치즘 같은 사상들의 정신적 기원은 '강하고 싶지만 약한 남성의' 성적 억압에서 온다고 주장한 바 있습니다. 현대 뇌과학 차원에서 100퍼센트 동의하기 어려운 가설이지만, 적어도 19세기 여성 히스테리의 원인 중 하나는 분명히 당시 극치에 달했던 여성 성 욕구의 억압이었던 것 같습니다.

불과 몇 년 전까지만 해도 우리나라 가정집에서 레이스나 천으로 둘러싼 책상과 의자 다리를 쉽게 볼 수 있었습니다. 특히 말도 안 되는 '바로크 스타일' 가구들에서 쉽게 볼 수 있었지요. 도대체 이 유치한 스타일은 어디서 시작된 걸까요? 바로 19세기 빅토리아 여왕 시절 영국에서 시작된 전통이라는 설이 있습니다. 당시 여자들이 '벌거벗은' 책상이나 의자 다리만 보고도 얼굴이 화끈해졌기 때문이라는 주장입니다.

〈히스테리아Hysteria〉(2011)라는 재미있는 영화가 있습니다. 바이브레이터vibrater 발명가로 알려진 19세기의 영국인 의사를 모델로 한 영화로, 성적 불능의 원인이 무엇인지 문명의 차원에서 해석하고 있습니다. 현재 인터넷에서 여성 성인용품으로 팔리고 있는 바

MAGGIE GYLLENHAAL
HUGH DANCY
RUPERT EVERETT
A ROMANTIC COMEDY WITH GOOD VIBRATIONS
HYSTERIA
Based on the true story about the invention of the vibrator

INFORMANT MEDIA & FORTHCOMING FILMS PRODUCTION BEACHFRONT FILMS & CHIMERA FILMS BY ALTERNATIVE PICTURES DELUX PRODUCTIONS ARTE FRANCE CINEMA TATFILM SILVER REEL LAWN PARTNERS THE UK FILM & TV PRODUCTION COMPANY PLC
HUGH DANCY MAGGIE GYLLENHAAL JONATHAN PRYCE FELICITY JONES RUPERT EVERETT HYSTERIA SHERIDAN SMITH ASHLEY JENSEN STEPHEN DYER JONAH LISA DYER TANYA WEXLER SARAH CURTIS JUDY CAIRO TRACEY BECKER
MICHAEL A SIMPSON ERIC BRENNER KEN ACHOBY SANDRA SIEGEL LEO JOSEPH NATHALIE JOSEPH MARK KRESS HAKAN KOUSETTA CLAUDIA BLÜMHUBER FLORIAN DARGEL PETER FUDAKOWSKI STEPHEN DYER
ANOUK NORA JIMMY DE BRABANT BOB BELLION PAUL SARONY GAST WALTZING CHRISTIAN HENSON JON GREGORY A.C.E
SEAN BOBBITT B.S.C. SOPHIE BECHER NIC EDE GARY KESTER
MADE WITH THE SUPPORT OF FILM FUND LUXEMBOURG WDR/ARTE and CANAL +AND WITH THE PARTICIPATION OF CINÉCINÉMA
INFORMANT
FORTHCOMING FILMS
DELUX PRODUCTIONS
FILM FUND LUXEMBOURG
arte
WDR
MEDIA
EUROPE LOVES CINEMA
elle driver
scanbox

이브레이터는 원래 치료를 위한 의료 도구로 개발된 것입니다. 영화 주인공인 의사는 바이브레이터로 히스테리를 치료할 수 있다고 생각했던 것 같습니다.

# 3강

# 뇌와 의미

## ‘나’는 의미 있는 존재인가

인간이 사라진 세상에서 예술이나 문화에 의미가 존재할까?
현대 뇌과학에서는 높은 지능의 동물은 물론 인공지능 기계나 식물인간,
태어나기 전의 아이도 의미를 만들어내지 못한다고 해석한다.
의미는 오직 인간의 ‘정상적인’ 뇌에서만 만들어진다.
인간은 가슴으로 생각한다는 오랜 믿음에서 벗어나
뇌로 생각하고 의미를 만들어낸다는 것이 밝혀진 지금,
인간은 삶의 의미에 대한 새로운 숙고에 들어가야 하지 않을까?

# 01

## 삶의 의미란 무엇인가

## 삶의 의미는 자연이 부여한 숙제다

우연히 이 세상에 태어난 우리는 늙음과 죽음을 목격하며 자연스럽게 삶의 의미에 대해 묻게 됩니다. 젊은 시절에는 자연이 우리에게 내준 숙제를 하는 것이 삶의 의미였다면, 나이를 먹고 자연이 내준 숙제를 마친 다음에는 드디어 진정한 삶의 의미를 스스로 찾을 수 있는 자유와 여유가 생기는 것이 아닐까요.

### 우연히 태어난 세상에 의미가 있는가

태어나기 전부터 이 세상에 태어나겠다고 동의한 사람은 아무도 없습니다. 우연히도 우리 모두는 지금 시대에 지구라는 행성에서 태어났을 뿐입니다. 우연히 태어난 뒤에도 인생이라는 것 자체가 우연의 합집합입니다. 아름답기보다 재난과 고통의 연속입니다. 만약 누군가 "너 이런 세상에 태어날래?" 하며 세상을 미리 보여줬다면 어떨까요? 대량 학살에 쓰나미 같은 자연재해에, 삼풍백화점 붕괴 사고나 세월호 사건 같은 대형 참사도 있고…. 대부분 싫다고 답했을 것입니다.

"고맙지만 사양하겠습니다."

하지만 우리에게는 선택권이 없었습니다. 세상 자체도 마음에 안 드는데 태어난 모습도 마음에 안 들긴 마찬가지입니다. 어쩌다 운이 좋으면 나보다 직위가 낮은 사람에게 땅콩을 던지는 역할로 살아가지만, 운이 나쁘면 땅콩 껍질을 청소하는 역할로 살아가니까요. 자기 의지로 땅콩 껍질을 청소하는 삶을 선택하는 사람은 거의 없습니다. 이처럼 우리는 우연히 이 세상에 태어나 우리보다 먼저 태어난 사람들이 만들어놓은 규칙에 따라, 역시 우연한 결과물인 이 세상을 필연이라 생각하며 열심히 살아갑니다. 수십 년 동안 세뇌 교육을 받다 보니 우연의 결과가 자연의 법칙으로 여겨질 정도입니다.

잠시 우리가 살고 있는 우주와 지구에 대해 생각해봅시다. 우주란 무엇일까요? 지금은 밤하늘을 올려다봐도 별빛을 잘 볼 수 없지만, 전기와 전등이 발견되기 전만 해도 별빛이 쏟아질 것처럼 환하게 보였을 것입니다. 은하수가 보이고 안드로메다 은하계가 보이고…. 이 별들은 잘 보이지만 않을 뿐 지금도 우리 머리 위에서 환하게 빛나고 있습니다.

본래 위에 있는 것들은 아래로 떨어지기 마련입니다. 그런데 신기하게도 별들은 지상으로 떨어지지 않습니다. 과거 켈트 족은 별들이 자신들이 사는 지상으로 떨어지는 것을 가장 두려워했다고 합니다. 그래서 떨어지는 별들을 막기 위해 방패를 하나씩 가지고 다녔습니다.

게르만 족은 은하수 전체를 우주를 감싸고 있는 거대한 덮개로 생각했습니다. 별이 물체라면 아래로 떨어질 텐데, 별이 떨어지지 않는 것은 하늘을 덮고 있는 덮개가 있다는 것이었지요. 그 덮개에 구멍이 있고 구멍 너머에는 거대하고 끝없는 불이 타오르고 있다고 보았습니다. 그러니 이들의 생각에는 바깥으로 나가면 큰일이 납니다. 바깥 즉 위로 올라갈수록 불과 가까워지기 때문입니다. 그만큼 인간의 존재가 우주보다 미약하기 그지없다는 얘기지요.

우주가 이러하다면 지구는 어떨까요? 지구는 태양계의 세 번째 행성이고, 태양계는 은하계의 변두리에 자리하고 있습니다. 또 우리 은하계는 우주의 수천 억 은하 가운데 하나에 불과합니다. 우리는 이 지구라는 행성에 별 의미 없이 태어나 열심히 살고 있을 뿐입니다. 이렇게 열심히 살다 보면 본질적인 질문을 피할 수 없습니다.

"이런 곳에서 어떻게 살아가야 할까?"

단지 우주의 한 점으로 우연히 지구에서 태어나 70~80년 동안 살다 흔적 없이 사라질 뿐인데, 우리는 왜 살아야 할까요? 우연히 태어나 그저 우연한 인생을 살고 있는 우리에게 삶의 의미란 무엇일까요?

이에 대해서는 다양한 방법으로 답을 내릴 수 있습니다. 예술적으로도 종교적으로도 할 수 있고 뇌과학적으로도 할 수 있습니다.

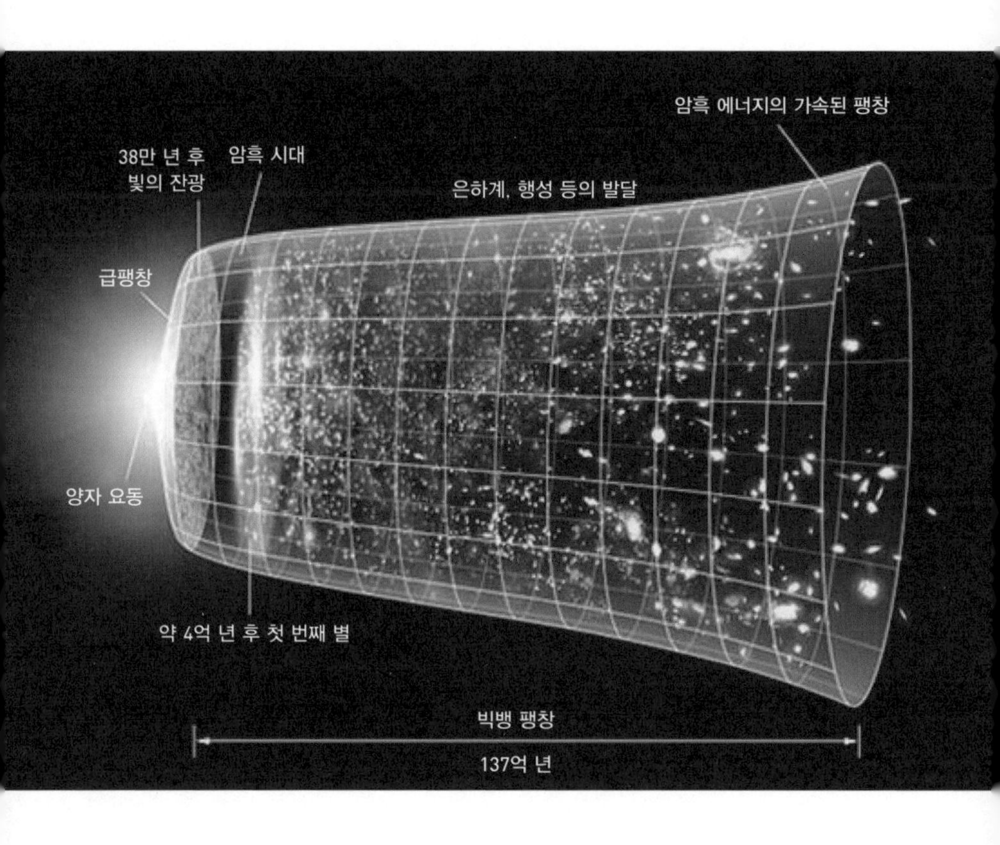
암흑 에너지의 가속된 팽창
38만 년 후
빛의 잔광
암흑 시대
은하계, 행성 등의 발달
급팽창
양자 요동
약 4억 년 후 첫 번째 별
빅뱅 팽창
137억 년

사실 뇌과학에서는 삶의 이유를 묻는 행위 자체가 무의미하다고 보고 있습니다. 삶은 내가 산 것이 아니라 내 유전자가 살아남기 위해 만들어놓은 것이기 때문이지요. 이런 무의미한 질문을 갖고도 살아갈 수 있는 방법 중 하나는 우리의 삶을 그저 코미디로 생각하는 것입니다.

## 늙는다는 것에도 의미는 있을까

우리 인생에 별다른 의미가 없다고 하면 실망할 사람이 많을 것입니다. 더 실망스러운 것은 누구나 다 늙는다는 사실입니다. 태어나 100년 가까이 젊고 건강하게 살다가 어느 날 아침 사라진다면 그다지 불만스럽지 않겠지요. 하지만 우리는 어느 순간부터 서서히 늙고 병들어갑니다. 통계학적으로 보면 인간의 거의 대부분이 치매가 걸린다고 알려져 있습니다. 20대 중반부터 시작된다고들 하니, 이 책을 읽는 여러분 대부분도 이미 치매가 진행 중이라고 볼 수 있습니다. 노화에 따라 뇌는 낡은 스펀지처럼 구멍이 뻥뻥 뚫리기 시작하고 기억력도 떨어집니다.

도대체 우리는 왜 늙을까요? 단순하게 보면, 자동차도 오래 쓰면 망가지듯이 몸도 오래 써서 망가지는 것으로 생각할 수 있습니다. 하지만 과학적으로 보았을 때 그것은 틀린 답입니다. 생물학에는

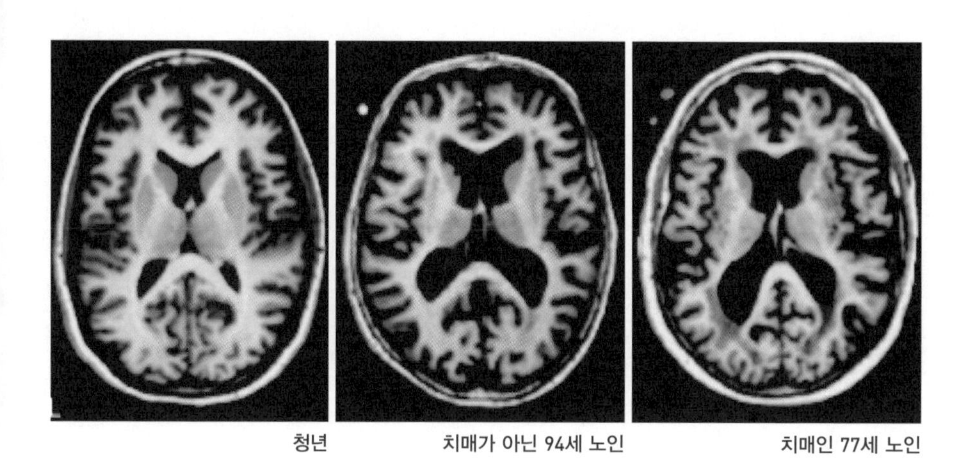

청년 치매가 아닌 94세 노인 치매인 77세 노인

재생이라는 개념이 있습니다. 꼬리가 잘려도 다시 생겨나는 도마뱀이 좋은 예입니다. 재생은 근본적으로 불가능한 개념이 아닙니다. 단지 인간에게는 적용되지 않을 뿐입니다. 다시 말해 생물학적으로는 망가진 차가 멋진 자동차로 재생되는 것과 같은 메커니즘이 우리에게도 존재하지만, 그 메커니즘을 사용하지 않고 계속 늙어가다 망가진다는 것이지요.

왜 우리에게는 재생 메커니즘이 작동하지 않을까요? 누구도 늙지 않고 죽지 않는다면 인구가 기하급수적으로 늘어 큰 문제가 될 거라고 말하는 이들도 있습니다. 이들의 생각에도 일리는 있습니다. 다만 그것은 사회적·정치적·경제적으로만 옳을 뿐 생물학적·진화적으로는 아무런 의미가 없습니다. 나중에 한정된 자원을 두고 싸움이 날 수도 있겠지만, 이것 자체가 본질적인 이유가 되지는 못합니다.

여기서 늙음과 젊음의 차이에 대해 생각해볼까 합니다. 둘 사이에는 큰 차이가 있습니다. 오해를 피하기 위해 미리 덧붙이자면, 진화 과정에는 그 어떤 의도도 설계도 없습니다. 확률적으로 이러저러한 일이 벌어져 진화해왔다고 표현하는 것뿐입니다.

이런 개념에서 볼 때 젊은 사람과 나이 든 사람의 차이는, 젊은 사람은 확률적으로 아직 아이를 갖지 않았을 것이고 나이 든 사람은 이미 가졌을 것이라는 점입니다. 다시 말해 아이를 가진다는 것이 젊은 사람에게는 미래의 일이라면, 나이 든 사람에게는 과거의 일이라는 것이지요.

진화생물학의 관점에서는 아이를 가진다는 것이 바로 삶의 의미라고 할 수 있습니다. 받은 유전자를 제대로 넘겨주는 것은 자연이 우리에게 프로그래밍한 숙제입니다. 그러니 나이를 먹었다는 것은 자연이 우리에게 준 숙제를 이미 했을 확률이 높다는 것을 의미합니다. 젊었을 때는 아직 숙제를 하지 않은 상태일 테니, 자연은 나이 든 사람들보다 젊은 사람들에게 관심을 가질 수밖에 없습니다. 다시 말하지만 자연의 관심이 계획된 프로그램이 아님을 밝혀둡니다.

한번 상상해보겠습니다. 만약 사춘기가 되기 전에 다 죽어버리는 특정한 유전병이 있다면 어떨까요? 그 병은 다음 세대로 넘어갈까요? 아닙니다. 아이를 갖기 전에 다 죽어버리기 때문에 그 유전병은 다음 세대로 전해지지 않습니다. 반면 나이 들어서 증세가 나타나는 유전병이 있다면, 다음 세대로 전해질 확률이 높습니다. 이미 아이를 가진 뒤에야 나타나는 증세이기 때문이지요.

예를 들어 치매 같은 증상은 계속해서 다음 세대로 넘어가는데, 나이 들어서 나타나는 증세인 탓에 유전 풀에서 살아남을 수 있는 것입니다. 이처럼 어린아이에게 해로운 것들이 자연스럽게 걸러지는 것은 어떻게 보면 자연이 어린아이한테 관심을 보이는 것으로도 해석할 수 있습니다. 다만 나이가 들었을 때 증세를 만들어내는 유전적인 요소들은 일찍이 걸러질 기회가 없기에 계속 남을 수밖에 없습니다.

## 자연의 무관심이 자유를 가져다준다

삶에 의미가 있다면, 그것은 기능이나 목표 같은 것과 연관이 있을 것입니다. 삽을 예로 들어보겠습니다. 삽에는 당연히 의미가 있습니다. 기능이 있고 이에 따라 목표도 있기 때문이지요. 여기서 목표가 있다는 것은 곧 좋은 삽이 있고 나쁜 삽이 있음을 의미합니다. 땅을 잘 파는 삽이 좋은 삽이라면 잘 못 파는 삽은 나쁜 삽이겠지요. 이렇게 분명히 정해진 숙제가 있는 것을 보면 삽에게는 존재의 의미가 분명합니다.

만약 삶의 의미가 있다면, 다시 말해 삶에 기능과 목표가 있다면, 우리 인생은 나를 위한 것이 아니라 다른 무엇인가를 위한 도구라고 볼 수 있습니다. 옛날에는 그 무엇인가를 신이 내준 숙제라고 얘기했다면, 지금 과학자들은 자연 또는 진화 과정이 우리에게 내준 숙제라고 얘기합니다. 이렇게 보면 우리는 그 시스템이 정해준 목표 또는 부여한 숙제를 풀기 위해 만들어진 도구가 돼버립니다. 즉 자신을 위한 존재가 아니라 갑을 위한 을이 되는 것이지요.

상대적으로 어린 사람들에게는 삶의 의미가 있습니다. 적어도 자연이 내준 숙제를 아직 풀지 않았을 테니까요. 그 숙제를 계속 가지고 있으니 아직까지는 인생의 목표가 있다고 할 수 있습니다. 저는 의미 있는 삶이 그다지 좋다고 생각하지는 않습니다. 제가 저 자신에게 준 숙제가 아니고 다른 시스템이 제게 준 숙제이기 때문이지요. 제게는 선택권도 없었고 제가 이 짐을 지겠다고 얘기한 적도 없습니다. 태어나는 순간 이미 주어져 있던 시스템이 제게 넘겨준 숙제일 뿐입니다.

그런데 삶의 의미, 목표 또는 기능이 없다면 어떨까요? 우리가 어렸을 때는 이를테면 자연과 같은 어떤 시스템이 우리에게 거의 맹목적일 만큼의 관심을 보였습니다. '이거 해라, 저거 해라, 공부 열심히 해서 좋은 대학 가고, 좋은 대학 졸업해 좋은 직장에 들어가고, 좋은 직장에 다녀 좋은 배우자를 만나고, 좋은 배우자를 만나 좋은 유전자를 넘겨야 한다….'

여기서 숙제는 끝납니다. 이 숙제를 위해 인간의 뇌는 어마어마하게 복잡한 회로망을 통제해가며 하루하루를 보냅니다. 진화심리학에는 결정적 패턴critical pattern이라는 것이 있습니다. 콜라병 몸매를 보면 원치 않는데도 고개가 자동으로 돌아가는 것이 그 예입니다. 이처럼 통제하기 어려운 진화적 속성은 우리가 그런 숙제를 받고 태어났기에 나타나는 것입니다.

마찬가지로 우리가 어느 정도 나이를 먹으면 확률적으로 숙제를 마쳤을 가능성이 크기에 자연은 우리에게 무관심해지는 것입니다. 서운해할 일만은 아닙니다. 우리에게 자유가 생기는 것으로 볼 수도 있으니까요. 어린 시절 부모님과 함께 살 때는 보호를 받을 수는 있었지만 자유롭지는 않았습니다. 늦지 않게 집에 들어가야 했고 잔소리도 많이 들어야 했습니다. 이런 의미에서 저는 늙는다는 것은 삶의 의미를 스스로 정할 수 있는 여유가 생기는 것이라고 해석합니다. 나이가 어느 정도 들어야 비로소 심적·시간적 여유가 생긴다는 뜻입니다. 그렇다면 자연에게 버림받은 성숙한 우리는 이런 질문을 던질 수 있습니다. 우리에게 삶은, 삶의 의미는 무엇일까요?

# 02

## 의미는 어디서 만들어지는가

## 의미는 '정상적인' 뇌만 만들어낼 수 있다

인간이 사라진 세상에서 예술이나 문화에 과연 의미가 존재할까요? 현대 뇌과학에서는 높은 수준의 지능이 있는 문어나 돌고래 같은 동물은 물론 인공지능 기계나 식물인간, 태어나기 전의 아이도 의미를 만들어내지 못한다고 해석합니다. 오직 인간의 '정상적인' 뇌에서만 의미가 만들어진다는 것입니다.

## 길가메시의 교훈, 웃고 즐기고 사랑하라

바빌로니아의 길가메시 서사시Epic of Gilgamesh는 인류 역사상 가장 오래된 이야기 중 하나입니다. 약 5000년 전부터 전해오는 이야기라고 하니, 자칫 케케묵은 이야기로 여길 수도 있습니다. 그런데 그토록 오래전에 길가메시가 내놓은 인생의 답이 지금 우리의 답과 다르지 않은 것을 보면, 5000년 동안 인류가 기술적으로는 크게 발전해왔지만 정신적으로는 그다지 큰 발전을 하지 않았다는 결론이 나옵니다.

우루크의 왕 길가메시는 최고 권력자인데다 부자였고 영웅이었습니다. 다양한 모험을 즐기는 그에게는 친구가 있었습니다. 창조의 여신 아루루가 점토로 만들어 지상으로 내려 보낸 엔키두인데, 그는 길가메시와 동등한 힘으로 맞서다가 친구가 되고 결국 인간이 되었습니다. 즉 길가메시의 또 다른 자아alter ego가 된 것이지요. 길가메시와 엔키두는 함께 다양한 모험을 하던 중 수메르의 흉측하게 생긴 괴물 훔바바가 지키고 있는 보물을 훔치려 합니다. 치열한 싸움을 벌인 끝에 훔바바가 죽고, 그로부터 얼마 안 있어 엔키두도 죽습니다.

괴물의 죽음은 물론 친구의 죽음까지 목격한 길가메시는 충격을 받습니다. 친구도, 괴물도, 나아가 알고 지내던 모든 사람이 죽는다면 자신도 죽음을 피할 수 없는 운명이라는 데 생각이 미친 것이지요. 자신도 언젠가는 죽어야 한다는 사실을 처음으로 깨달은 그는 깊은 의문에 사로잡힙니다. 죽어 땅속에 묻히는 것을 피할 수 없는 것이 인간의 운명이라면 왜 이렇게 고생스러운 삶을 살아야 하는가? 영웅이었던 길가메시는 죽음의 운명에 타협하기보다 용기 있는 결단을 내립니다. 자신만큼은 죽지 않고 살아남겠다는 결단을 말이지요.

죽지 않을 방법을 찾아 세계의 끝까지 모험한 끝에 길가메시는 불사신으로 알려진 우트나피쉬팀을 찾아가 죽지 않을 방법에 대해

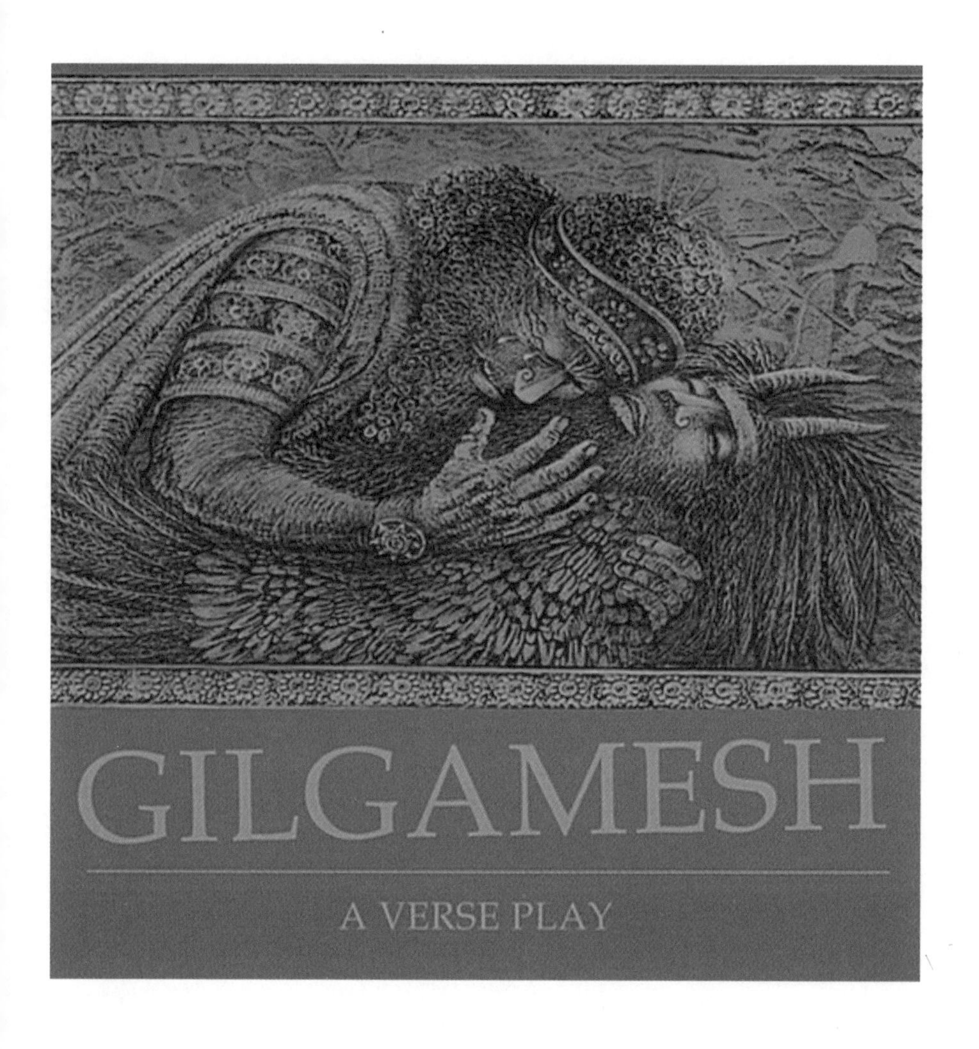
GILGAMESH
A VERSE PLAY

묻습니다.

우트나피쉬팀은 자신이 불사신이 된 이야기를 들려줍니다. 먼 옛날 인간들의 타락에 노한 신들이 대홍수를 내린 적이 있었는데, 그때 동물 한 쌍씩을 큰 배에 피난시켜 동물 세계를 구한 덕에 신들에게 상을 받아 불사신이 되었다는 것입니다(노아의 방주 이야기의 원형). 자신도 불사신이 될 수 있느냐고 묻는 길가메시에게 우트나피쉬팀은 영생의 약초를 선물합니다. 그런데 불행히도 길가메시가 약초를 잠시 두고 목욕을 하는 사이 뱀이 나타나 약초를 훔쳐가고 맙니다(아담과 이브 이야기의 원형).

약초가 없어졌음을 알게 된 길가메시는 또다시 우트나피쉬팀을 찾아갑니다. 사정을 이야기하고 영생의 약초를 한 번 더 달라고 간청하는 그에게, 우트나피쉬팀은 두 번의 기회는 없다고 잘라 말합니다. 죽음을 피할 수 없게 된 길가메시는 슬피 울며 이제 어떻게 살아가야 하느냐고 묻습니다. 우트나피쉬팀은 말합니다.

"운다고 해서, 슬퍼한다고 해서 죽지 않는 것은 아니다. 그냥 집으로 돌아가 친구들과 재미있게 놀고, 맛있는 것 먹고, 아름다운 여인과 사랑하고, 의미 있는 일을 하며 살아라."

우트나피쉬팀이 내놓은 이 답이 결국 길가메시 이야기가 전하는 답입니다. 그때로부터 5000년이 지나 인터넷에 우주 정거장까지 있는 지금 이 시대에도 인생의 의미를 묻는 이들에게 모든 철학이 내놓는 결론이기도 합니다.

## 인간이 없는 세상에서 예술은 의미가 있을까

길가메시의 교훈은 한마디로 삶을 즐기라는 것이며, 그럴 때 삶의 의미는 생겨난다는 것입니다. 그렇다면 의미는 구체적으로 어떨 때 그리고 어디서 생겨나는 것일까요?

저는 1981년 글렌 굴드Glenn Gould가 야마하 피아노로 연주한 바흐의 〈골드베르크 변주곡Goldberg Variation〉을 좋아해 자주 듣습니다. 아름다운 선율을 듣다 보면 이런 상상이 듭니다. 이토록 아름다운 음악이 흐르는 지구에 갑자기 전염병이 돌아 모든 사람들이 한꺼번에 죽는다면? 호모 사피엔스가 모두 사라진다면 어떤 일이 벌어질까요? 저 음악은 계속 진행되겠지만, 음악을 듣고 해석하는 호모 사피엔스가 없으니 더 이상 음악이라고 할 수 없습니다. 온갖 추억을 떠올리게 하는 아름답고 의미 있는 멜로디가 사람이 모두 사라지는 순간 압축된 공기의 파동이라는 물리적 현상이 돼버립니다. 더 이상 어떤 의미도 띨 수 없다는 것이지요.

사람은 모두 죽어 사라졌지만 돌, 나무, 스마트폰 등이 남아 있고 은하계도 남아 있다면 어떨까요? 이때도 의미가 있을까요? 돌이 남아 있다고 해도, 계속 재생되는 음악이 그다지 의미 있을 것 같지는 않습니다. 돌은 아무것도 느끼지 못하니까요. 나무라면 어떨까요? 나무도 무엇인가를 느낀다고 생각하는 이들이 더러 있지만, 현대 과학에서는 큰 의미가 없을 것으로 판단합니다.

그럼 개체가 좀 더 많이 남아 있다면 어떨까요? 토끼도 남아 있

고 문어도 남아 있다면? 굴드의 연주를 계속 듣는다고 한들 문어와 토끼에게 무슨 의미가 있을까요? 문어와 토끼에게는 작은 뇌가 있을 테니 돌보다는 좀 더 들을 수 있을 것입니다. 따라서 의미도 좀 더 있을 수 있겠지요. 하지만 우리 인간이 느끼는 그런 의미는 아닐 것입니다.

그렇다면 아직 태어나지 않은 아이에게 〈골드베르크 변주곡〉을 들려주면 어떨까요? 태아는 뇌가 아직 완성되지 않은 상태입니다. 뇌의 구조는 있지만 $10^{11}$의 신경세포들이 아직 완성되지 않았고 특히 $10^{15}$의 연결성이 완성되지 않았습니다. 때문에 현대 뇌과학에서는 태아는 고차원적인 정보 처리를 할 수 없다고 보고 있습니다. 문어나 토끼보다는 좀 더 의미를 만들 수는 있겠지만 여전히 우리가 생각하는 의미는 아니라는 것이지요.

## 식물인간의 뇌는 의미를 만들 수 있는가

세계적으로 안락사 논쟁을 불러일으킨 유명한 환자가 있습니다. 미국 플로리다 주에 사는 테리 샤이보Terri Schiavo는 평소에 높은 체중을 비관해 거식증을 앓던 중, 1990년 어느 날 체내 칼륨 불균형에 따른 심장 마비로 뇌 손상을 입어 식물인간이 되었습니다. 식물인간 상태는 1990년부터 2005년까지 계속되었습니다. 테리는 비록 뇌사 상태이긴 했지만 기본적인 반응은 계속했습니다. 물을 마시거나 눈을 깜빡거리는 것도 할 수 있었고, 일으키면 서고 손을 받치는 것도 할 수 있었습니다. 그러나 뇌과학의 관점에서 보면 대뇌는 이미 죽어 있었습니다.

아내가 계속 식물인간 상태에 머물러 있자, 남편 마이클 샤이보는 1998년 아내가 사고 전에 인공적인 방법으로 삶을 연장하고 싶지 않아 했다는 주장을 하며 영양 공급관 제거를 요청했습니다. 테리의 부모는 결사반대했습니다. 딸이 눈동자도 깜빡거리고 음식도 먹으니 살아 있다고 믿었기 때문이지요. 지루한 법정 공방 끝에 2005년 3월 18일 플로리다 주 대법원은 테리의 영양 공급관을 제거하라는 명령을 내렸습니다. 그녀는 3월 31일 결국 숨을 거뒀습니다.

이 사건은 세계적으로 안락사 논쟁을 불러일으켰습니다. 대법원의 판결이 나온 뒤 미국 상하 양원과 대통령까지 나서 생명 연장을 위한 특별법을 제정했지만, 테리의 죽음을 막을 수는 없었습니다. 그 후 많은 사람들은 대법원이 한 여성을 죽음으로 몰아넣었다고 생각했습니다. 의식도 있고 의미도 만들어낼 수 있는 살아 있는 사람인데 굶겨 죽였다는 것이지요. 반면 문어의 뇌처럼 그녀의 뇌가 아무런 의미도 만들어낼 수 없다고 생각한 이들도 있었습니다.

어느 쪽이 맞을까요? 테리 샤이보의 뇌는 과연 의미를 만들 수 있었을까요? 현대 뇌과학에서 테리 같은 환자의 뇌는 더 이상 의미

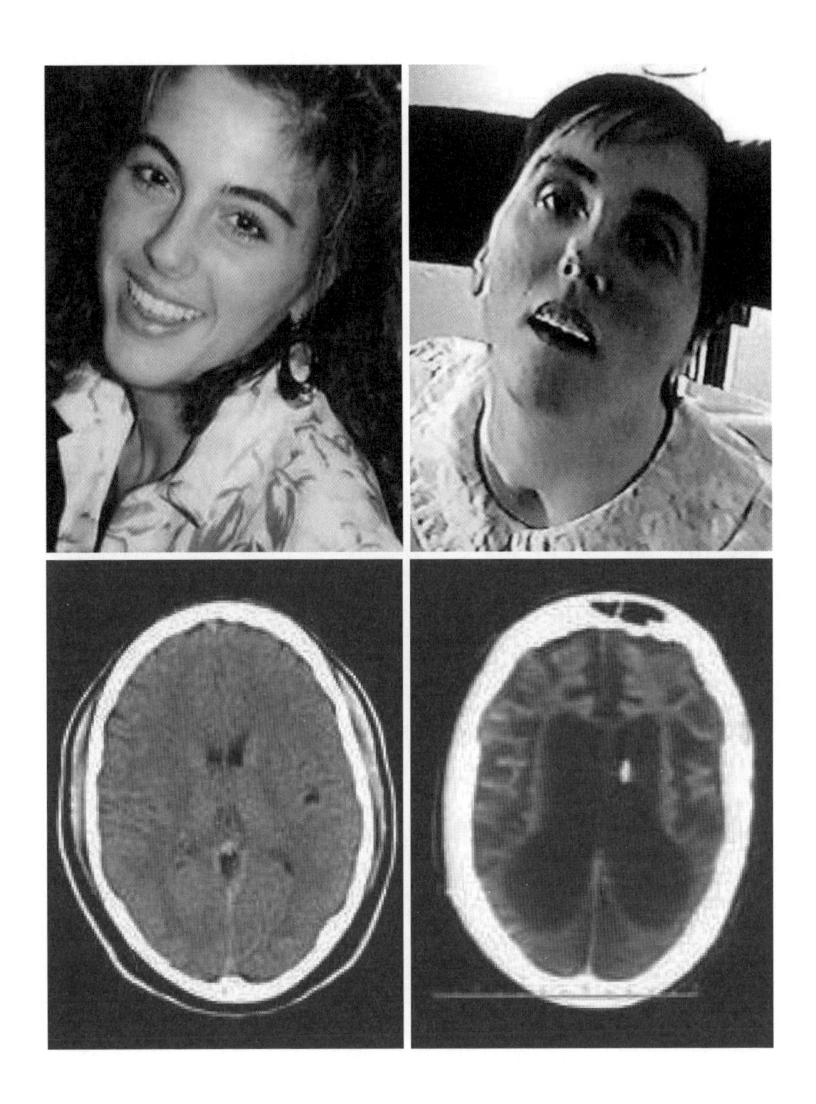

를 만들어내지 못할 것으로 보고 있습니다. 움직일 수는 있지만 머리에서 의미를 만들어낼 수는 없다는 점에서, 더 이상 인간이 아니라 물체에 가깝다고 해석합니다.

위에서 문어의 예를 들긴 했지만 사실 문어는 가장 똑똑한 동물 중 하나입니다. 수학적인 개념도 어느 정도 있고 병마개 같은 것도 잘 땁니다. 심지어 미로도 통과할 수 있다고 합니다. 문어는 우리가 즐겨 먹는 음식의 하나이지만, 이런 의미에서 보면 쉽게 먹어서는 안 되는 존재 같기도 합니다.

좀비는 어떨까요? 좀비의 경우 행동은 하지만 의식은 없습니다. 아무런 의미도 느끼지 못한 채, 자신도 모르는 이유로 그저 사람을 뜯어 먹으려 할 뿐입니다. 컴퓨터가 발달하고 로봇이 발달한다면 기계들은 어떨까요? 물체에 불과한 기계들은 의미를 만들 수 있을까요? 현대 과학에서는 돌이나 문어뿐만 아니라 식물인간이나 좀비, 기계도 의미를 만들어내지 못한다고 해석합니다. 태어나기 전의 아이 역시 나중에는 만들 수 있겠지만 그 상태로는 만들지 못합니다. 오직 정상적인 뇌를 가지고 있어야 의미를 만들 수 있다는 것이 뇌과학의 결론입니다.

# 03

## 의미는 어떻게 만들어지는가

## 정교한 뇌의 매트릭스가 모든 것을 만든다

오랫동안 인간은 가슴으로 생각한다고 믿어왔습니다. 뇌로 생각을 하고 의미를 만들어낸다는 생각은 그리 오래되지 않았고, 따라서 뇌 연구의 역사도 길지 않습니다. 지금까지 밝혀진 뇌의 작동 모델은 두 가지로 나뉩니다. 하나는 뇌는 위치와 모양에 따라 기능이 달라진다는 위치 기반의 모델이며, 다른 하나는 벽돌처럼 똑같은 기본 단위를 어떻게 연결하느냐에 따라 기능이 달라진다는 이른바 레고 블록 모델입니다.

## 위치와 모양에 따라 뇌의 기능은 달라지는가

오직 정상적인 뇌에서만 의미가 만들어진다니 의문이 하나 생깁니다. 앞서 말씀드렸듯이 두개골을 열고 보면 뇌는 그저 1.4킬로그램짜리 고깃덩어리일 뿐입니다. 해부해봤자 $10^{11}$의 신경세포밖에 없는 이것을 가지고 어떻게 의미를 만들 수 있을까요?

워런 매컬러Warren Sturgis McCulloch라는 수학자이면서 시인인 MIT

교수가 있습니다. 셰익스피어의 시를 모방한 소네트sonnet를 많이 썼다고 하는데, 수학 논문 제목도 셰익스피어의 시에서 따왔다고 합니다. 그중 하나가 다음과 같은 유명한 소네트의 제목입니다. 「뇌 속 무엇이 글자로 새겨질 수 있는가?What's in the brain that ink may character?」

이는 '도대체 내 머릿속에 무엇이 있기에 나의 글을 쓰게 할까'라는 의미입니다. 매컬러는 50년대에 신경세포들을 가지고 논리 회로를 만들 수 있음을 증명해 인공지능의 역사에서 중요한 역할을 했습니다.

사실 우리가 뇌를 가지고 생각한다는 것, 뇌로 의미를 만든다는 것은 그리 오래된 개념은 아닙니다. 철학을 탄생시킨 그리스 사람들, 그토록 현명했던 이들도 인간은 가슴으로 생각한다고 믿었을 정도니까요. 흥분하면 심장이 뛰고 어떤 일이 벌어졌을 때 제일 먼저 심장이 반응하는 것을 보면, 옛날 사람들에게는 심장으로 생각한다는 개념이 너무도 당연했습니다.

현대를 살아가는 우리로서는 이해하기 어려울 수도 있겠지만, 뇌과학적으로는 분명한 이유가 있습니다. 뇌는 진화적으로 자신이 생각한다는 것을 못 느끼도록 만들어졌습니다. 그런데도 왜 우리는 뇌를 가지고 생각한다고 느낄까요? 그것은 직관적인 느낌이 아닙니다. 어쩌면 학교에서 배웠거나 누군가에게 들어서 그렇게 생각하는 것일 수도 있습니다.

현대 뇌과학에서는 심장이 뛰는 이유를 잘 알고 있습니다. 우리가 흥분하거나 무엇인가를 생각할 때면 신경세포들이 에너지를 많이 사용하는데, 에너지를 생성하려면 산소가 필요합니다. 뇌는 자체적으로 산소를 만들어낼 수 없기에 혈액을 통해 헤모글로빈을 가지고 와야 합니다. 그러니 생각을 많이 할수록 혈관에서 피를 많이 공급해야 하고, 따라서 심장이 더 빨리 뛰게 되는 것입니다. 이 같은 원리를 알지 못하다 보니 사고와 감정을 담당하는 곳이 심장이라고 생각했던 것이지요. 이런 생각은 18세기까지도 바뀌지 않았습니다.

뇌가 어떻게 의미를 만들어내는지를 알려면 결국 뇌 안에서 어떤 일이 벌어지는지를 알아야 합니다. 그 첫 단계로 알아야 할 것이 바로 골상학Phrenology입니다. 골상학의 시조는 18세기의 프란츠 갈Franz Gall이라는 의사로 거슬러 올라갑니다. 지금은 그가 돌팔이 과학자로 여겨지고 있지만 시작은 그렇지 않았습니다. 갈은 사람들마다 성격과 능력뿐만 아니라 육체적 조건과 머리도 다를 것으로 생각했습니다. 머리가 다른 것을 어떻게 정량화할 수 있을까 고민하던 끝에 방법을 생각해냈습니다.

보통 팔을 많이 쓰면 팔이 두꺼워지고 허벅지를 많이 쓰면 허벅지가 두꺼워집니다. 마찬가지로 뇌도 힘줄이다 보니 많이 쓰면 두꺼워질 것으로 생각했습니다. 즉 뇌가 커지면 머리뼈도 튀어나올 것이라는 발상이었습니다. 이를테면 생각을 잘하거나 모성애가 강하거나 돈을 잘 벌거나 등등의 능력을 많이 쓰면, 그 행위에 해당하는 뇌의 영역이 커지면서 그 부분의 머리도 튀어나온다는 것이었지요.

갈은 주위 사람들의 머리를 일일이 손으로 만져본 결과, 두개골의 모양이 다 다르다는 것을 알아냈습니다. 앞이마가 튀어나온 사람도 있었고 뒤통수나 정수리, 옆머리가 튀어나온 사람도 있었습니다. 그는 이를 토대로 발달한 능력과 튀어나온 머리 부분을 연결하여 뇌 지도를 만들었습니다. 현대 과학의 관점에서 뇌의 영역에 관한 갈의 판단은 엉터리로 밝혀졌습니다. 다만 뇌가 많이 활동하면 그 영역에서 무슨 일이 벌어진다는 기본 아이디어는 틀리지 않았습니다.

아래 그림은 갈이 그린 뇌 모양 중 하나입니다. 누구의 뇌일까요? 바로 과학자의 뇌입니다. 저도 과학자인데 제 머리는 이렇게 안 생겼습니다. 제가 아는 과학자들 중에도 이런 머리를 가진 분은 본 적이 없습니다.

코르비니안 브로드만Korbinian Brodmann은 1909년 갈의 아이디어를 좀 더 과학적으로 다듬어 '세포 구조Cytoarchitecture'라는 지도를 만들었습니다. 이것은 지금까지도 뇌과학 분야에서 사용되고 있습니다. 브로드만은 갈과 마찬가지로 뇌는 위치에 따라 저마다 다른 기능을 한다고 생각했지만, 뇌의 어느 위치가 어떤 기능을 하는지는 몰랐습니다. 고심 끝에 그는 한 가지 아이디어를 생각해냈습니다. 즉

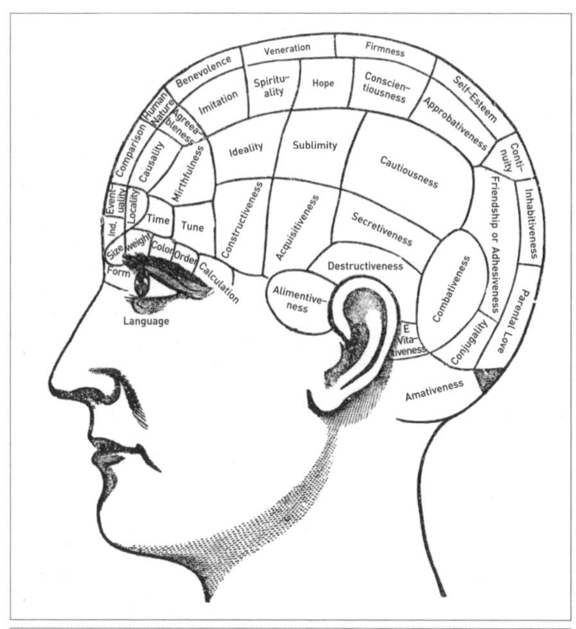
Veneration
Firmness
Benevolence
Spiritu-
ality
Hope
Conscien-
tiousness
Self-Esteem
Human
Nature
Imitation
Agreea-
bleness
Approbativeness
Conti-
nuity
Comparison
Causality
Ideality
Sublimity
Cautiousness
Mirthfulness
Event-
uality
Locality
Friendship or Adhesiveness
Inhabitiveness
Ind.
Time
Tune
Constructiveness
Acquisitiveness
Secretiveness
Size
weight
Color
Order
Destructiveness
Form
Calculation
Alimentive-
ness
Combativeness
Parental Love
Language
E
Vita-
tiveness
Conjugality
Amativeness

죽은 사람의 뇌를 해부한다는 것이었습니다. 망치나 렌치, 삽 같은 도구도 기능에 따라 각각 다르게 생긴 것처럼, 현미경으로 뇌를 관찰하여 세포 수나 크기 등을 분석해 다르게 생긴 부분을 찾아내면 뇌의 기능에 따른 지도를 만들 수 있다고 믿었던 것이지요.

브로드만은 수십 개의 뇌를 현미경으로 보면서 정확한 기능을 알 수는 없어도 새로운 영역을 찾아낼 때마다 순서대로 숫자를 붙였습니다. 이것을 브로드만 지도라고 부릅니다. 브로드만은 이 연구 결과를 정리해 1909년 박사학위 논문으로 발표했습니다. 브로드만 지도는 뇌의 기능에 대해 아무것도 모른 채 생김새만으로 만든 지도인데도, 현대 뇌과학에서 MRI를 통해 찾아낸 뇌 영역과 거의 일치한다는 사실은 참으로 흥미롭습니다.

## 신경세포는 저마다 할 일이 정해져 있다

신경세포가 전기 자극을 통해 정보를 전달한다는 것은 고등학교 때 배웠을 것입니다. 신경세포는 자극을 받으면 정보를 내보내는데 이 정보를 활동 전위action potential라 합니다. 언뜻 생각하기에 뇌세포는 아날로그적으로 작동할 것 같지만, 세포가 만들어낸 정보는 사실 디지털 펄스digital pulse 형태로 전달됩니다. 신경세포 역시 디지털 디바이스digital divice라는 것을 이해했다면, 한 가지 실험을 할 수 있습니다. 뇌에 전극을 꽂아서 신경세포 하나하나가 무엇에

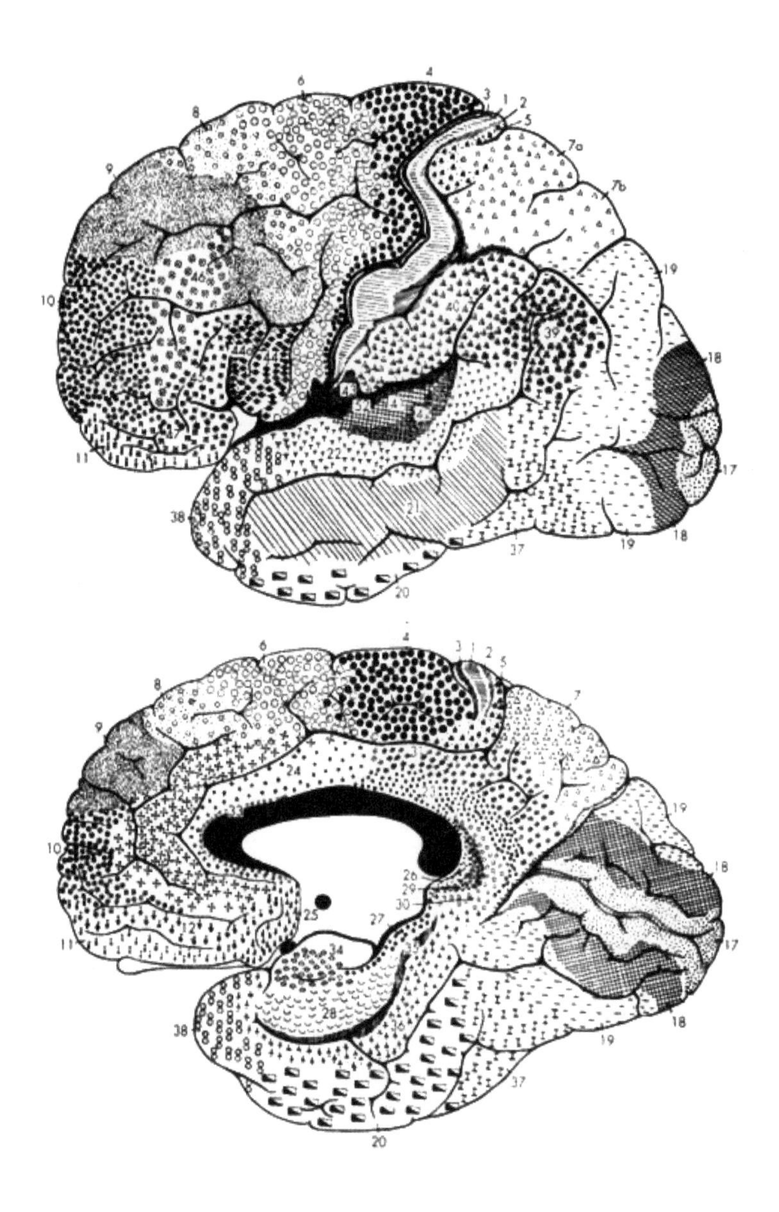

4
6
3
1
2
5
8
7a
9
7b
19
10
40
39
18
11
22
17
21
38
37
19
18
20
4
6
3
1
2
5
8
7
9
24
19
10
26
29
30
25
27
18
11
34
17
12
28
18
38
19
37
20

반응하는지 알아보는 것입니다. 1950년부터 이런 실험을 하기 시작했으니 실험의 역사가 그리 오래되지는 않았습니다.

앞서 설명했듯이 대부분의 뇌 기능은 1차 세계대전 시기에 알아냈습니다. 전쟁터에서 수만 명의 군인들이 뇌에 총알이 박힌 채로 집으로 돌아왔습니다. 그런데 그 증세가 조금씩 달랐습니다. 시각에 문제가 생긴 경우에도 어떤 사람은 앞이 안 보인다고 했고, 또 어떤 사람은 왼쪽이나 오른쪽이 안 보인다고 했습니다. 또 어떤 사람은 왼팔을 못 썼고 어떤 사람은 성격이 달라졌습니다. 심지어 기억력을 잃은 사람도 있었습니다. 이들 수천 명을 대상으로 총알의 위치와 기능을 연결해본 결과, 뇌의 영역이 브로드만 영역과 대부분 일치한다는 것을 알아낼 수 있었습니다.

신경세포에는 또 하나의 특이한 점이 있습니다. 각각의 신경세포는 저마다 시야에서 관심을 주는 창문이 하나씩 있습니다. 컴퓨터의 픽셀pixel에 비유할 수 있는데, 이를 시각세포의 수용장receptive field이라고 부릅니다. 대략 1도의 크기로 1미터 정도의 간격에서 보이는 엄지손가락 크기 정도입니다. 손톱 크기가 픽셀 하나가 된다는 것이지요. 세상의 정보는 우리 눈으로 들어올 때 픽셀 단위로 들어옵니다. 즉 신경세포에게는 이 세상이 손톱, 손톱, 손톱으로 보인다는 뜻입니다. 이 픽셀들은 HD나 UHD가 아닌 탓에 해상도가 상당히 낮습니다. 그런데도 우리가 세상을 보는 데 문제가 없는 것은 착시 현상 때문입니다.

또한 뇌에서 아주 중요한 원리로 지도 원리라는 것이 있습니다. 뇌 특히 우리 몸의 운동을 담당하는 영역에는 우리 몸 표면이 마치 지도처럼 연결되어 있습니다. 신경세포와 몸의 영역 또한 각각 연결되어 있습니다. 예컨대 어떤 신경세포는 입술에 자극을 줄 때 반응을 보이고, 또 어떤 세포들은 각각 눈, 손, 발 등과 연결되어 있습니다. 이것을 종합한 결과 인간의 몸을 지도처럼 그릴 수 있게 되었습니다. 이 지도를 중세에 아주 작은 사람을 뜻했던 호문쿨루스homunculus라고 부릅니다.

이 지도를 보면 흥미로운 사실을 알 수 있습니다. 첫째, 매핑이 일대일로 되어 있지 않다는 점입니다. 얼굴과 손은 매우 크게 표현되어 있는 데 반해 발가락은 아주 작습니다. 몸의 실제 면적과 뇌에 매핑된 면적은 비례하지 않고, 기능적으로 우리에게 더 중요한 몸의 부위가 뇌에서 더 많은 영역을 차지하고 있습니다. 이 지도를 보면 예를 들어 발가락은 우리에게 그다지 중요한 부위가 아님을 알 수 있습니다. 둘째, 이 지도가 서로 완벽하게 연결되어 있지 않다는 점입니다. 그림에서는 손가락과 이마가 뇌에서는 바로 붙어 있는데, 실제로는 멀리 떨어져 있습니다. 따라서 호문쿨루스에 따르면 머리가 아플 때 손가락을 누르면 효과가 있을 수 있습니다.

뇌의 부위별 감각세포의 거리와 실제 신체 부위의 거리가 이처럼 차이 나는 것은 사람뿐만 아니라 모든 동물들에게서 공통된 현상입니다. 예를 들어 쥐는 세상을 눈이나 냄새로 알아보기보다는

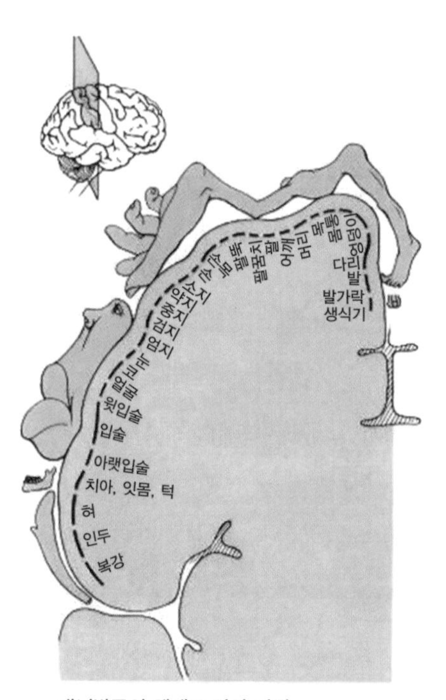

대뇌반구의 체세포 감각 피질

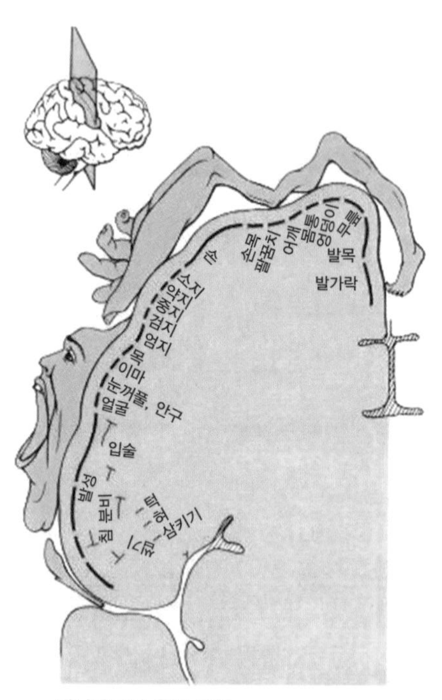

대뇌반구의 운동 피질

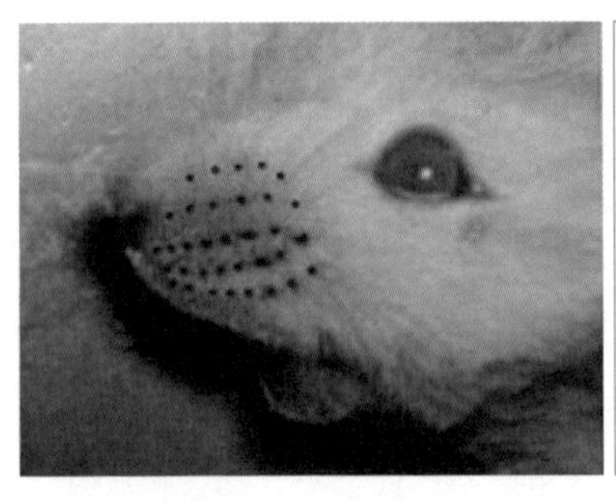

콧수염으로 알아봅니다.

위 그림을 보면 쥐의 콧수염이 매트릭스 즉 행렬처럼 보입니다. 마찬가지로 뇌의 감각 영역도 매트릭스처럼 생겼습니다. 쥐의 뇌에서 약 3분의 1 정도가 콧수염 프로세싱에 사용되고 있습니다. 워낙 중요한 기능인 까닭이지요.

반면 사람을 비롯한 모든 영장류에게서 가장 중요한 감각은 시각입니다. 그래서 영장류의 뇌에서는 당연히 3분의 1 정도가 시각 정보 처리를 담당합니다. 이에 관한 재미있는 사실 두 가지가 있습니다.

첫째, 시각 프로세싱은 역전되어 있다는 점입니다. 왜 그런지는 알 수 없지만, 왼쪽에 있는 것은 오른쪽으로 그리고 오른쪽에 있는 것은 왼쪽으로 매핑되어 있습니다. 둘째, 호문쿨루스 지도에서 보았듯이 중요한 영역들은 더 많은 면적을 차지한다는 점입니다. 즉 뇌에서는 우리가 관심을 보이고 초점을 집중하는 장소가 그렇지 않은 장소보다 한층 크게 매핑되어 있습니다.

## 뇌는 무엇이든 만들 수 있는 레고 블록이다

결국 브로드만의 아이디어는 '맥가이버 나이프'에 비유할 수 있습니다. 뇌의 구조는 서로 다르게 생긴 영역들의 합집합으로, 서로 다르게 생겼기에 기능들도 조금씩 다르다는 것이지요. 틀린 가설은 아니지만 한 가지 본질적인 문제가 있습니다. 바로 뇌의 면적이 한정되어 있다는 점입니다. 인간이 할 수 있는 것은 거의 무한에 가까운데, 이 무한한 기능들을 한정된 면적에만 매핑할 수는 없습니다. 그러다 보니 어느 순간에는 더 이상 매핑할 수 있는 영역이 없어집니다. 그 결과 위치 기반 모델은 뇌의 기본적인 구조 중 하나에 불과한 것으로 판명되었습니다.

브로드만은 뇌가 위치에 따라 조금씩 다르게 생겼다고 했지만, 신경 회로망 즉 50미크론 정도의 기본 단위에서 뇌를 들여다보면 어디든 엇비슷하게 생겼습니다. 시각 정보를 처리하든 소리 정보를 처리하든 또는 운동 기능을 담당하든 우리의 성격을 좌우하든 상관없이, 기본 단위 내의 신경 회로망은 거의 비슷하게 생겼다는 것이지요.

그래서 뇌에 대해 찾아낸 두 번째 모델은, 뇌는 보고 듣고 말하고 생각하는 다양한 기능을 갖고 있되 모두 동일한 기본 블록으로 만들어졌다는 이른바 레고 블록 모델입니다. 보는 뇌가 듣는 뇌와 다르게 생겨 다른 기능을 하는 것이 아니라, 기본 단위는 벽돌처럼 똑같은데 서로 다르게 연결되어 있어 다른 기능을 한다는 것이

1 2 3 4 5 6 7 8 9

지요. 정리해보면, 첫 번째 모델에서는 다른 기능을 가지고 있으면 뇌가 다르게 생겼다는 것이고, 두 번째 모델에서는 기본 단위에서 뇌는 다 똑같이 생겼지만 연결 방식에 따라 기능이 달라진다는 것입니다.

# 04

## 의식이란 무엇인가

쪼개고 쪼개도 결코 없어지지 않는 것이다

좀비에게도 기계에게도 없지만 우리들 인간에게는 있는 것, 바로 의식입니다. 의식이 어디서 어떻게 비롯하는지는 여전히 비밀에 싸여 있습니다. 다만 과학적으로 뇌 한복판에 있는 클라우스트룸claustrum(전장)을 끄면 의식이 사라진다는 것은 밝혀졌습니다.

의식이나 정신이란 존재하지 않는다고 주장하는 과학자들도 많지만 줄리오 토노니Giulio Tononi, 맥스 테그마크Max Tegmark 같은 과학자들은 물질처럼 정신도 존재한다는 가설하에 지금도 그 실체를 밝혀내려 노력하고 있습니다.

### 퀄리어가 있어야 의미가 만들어진다

현대 뇌과학에는 다양한 실험 방법이 있고, 이 다양한 방법으로 상당히 많은 부분을 설명할 수 있습니다. 뇌과학에서는 바깥에 있는 물체가 눈에 들어와 이 정보가 어떤 착시 현상을 만들어내고 또 뇌에서는 신경세포들이 어떤 반응을 보이는 식으로, 우리가 바깥 세계를 보게 된다고 설명합니다.

그런데 한 가지 문제가 있습니다. 바깥에 있는 물체를 볼 때 뇌에서 어떤 일이 벌어지는지 과학자들은 현재 어느 정도 알고 있고, 아마도 언젠가는 100퍼센트 이해하게 될 것이나 그것이 끝이 아니라는 점입니다.

제 눈에는 지금 무엇인가가 보입니다. 책도 보이고 손도 보입니다. 이런 식으로 세상이 보인다는 것을 저는 분명히 알고 있습니다. 제게 의식이 있고 지능이 있다는 것도 100퍼센트 확신합니다. 제가 지금 그렇게 느끼고 있기 때문이지요. 그러나 여러분의 눈에도 그렇게 보이는지 저는 모릅니다. 제가 여러분 머릿속에 들어갈 수는 없는 노릇이니까요. 우리는 절대 타인의 눈으로 세상을 볼 수 없습니다.

우리는 '내가 나라면?'이라는 상상을 할 수도 없고 하지도 않습니다. 상상할 필요도 없이 내가 나라면 그냥 나인 것이지요. 그렇다면 '내가 다른 누군가라면?'은 어떨까요? 이 역시 상상할 수 없습니다. 뇌과학에서는 우리 눈앞에 무엇인가 보일 때, 이것을 퀄리어qualia(어떤 것을 지각하면서 느끼게 되는 기분이나 떠오르는 심상)라고 부릅니다. 예를 들어 사과를 볼 때 뇌 안에서 어떤 일이 벌어지는지는 이미 많이 알고 있고 언젠가는 다 이해하겠지요. 하지만 모든 것을 다 이해한다고 해도 왜 우리 눈에 그것이 보이는지는 알

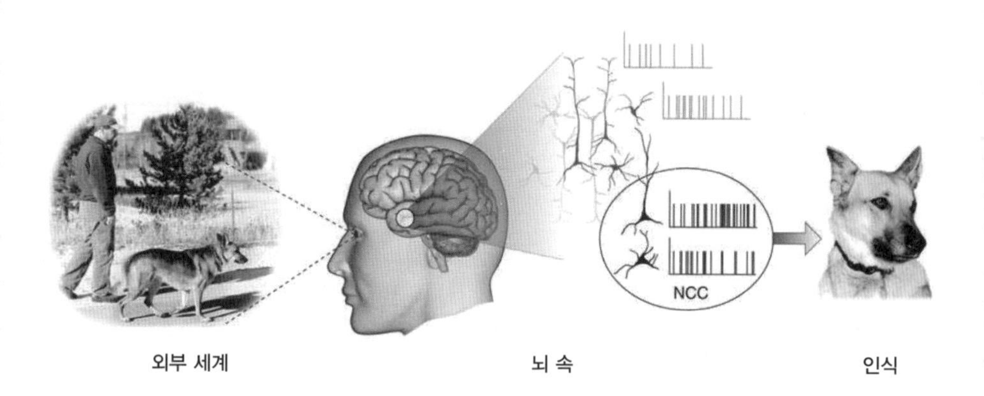
NCC
외부 세계
뇌 속
인식

수가 없습니다.

토머스 네이글Thomas Nagel은 「내가 박쥐라면 어떨까?What Is it Like to Be a Bat?」라는 제목의 재미있는 논문을 썼습니다. 박쥐는 세상을 초음파로 인식하기에 당연히 초음파로 퀄리어를 만들어냅니다. 초음파로 만들어진 퀄리어를 인간은 알 수가 없습니다. 초음파로 세상을 인식하지 않기 때문이지요. 결론은 우리 인간은 박쥐의 삶을 알 수 없다는 것입니다.

의식에 대해 이야기할 때 우리는 자신에게 의식이 있음을 알고 있습니다. 그렇다면 우리와 좀비의 차이는 무엇일까요? 우리에게는 분명히 의식이 있고, 이것은 곧 의미를 만들어낸다는 것을 뜻합니다. 그러나 좀비에게는 퀄리어가 없습니다.

간단히 말하면 좀비는 '김대식 빼기 퀄리어'입니다. 좀비가 사람이 되려면 퀄리어가 반드시 있어야 합니다. 마찬가지로 기계가 진정 인공지능을 가지려면 퀄리어가 있어야 합니다. 그래야 의미를 만들어낼 수 있기 때문이지요.

문제는 퀄리어는 객관적으로 관찰되지 않는다는 것입니다. 다른 사람에게 퀄리어가 있는지 객관적으로 관찰할 수 없기에, 그 사람에게 퀄리어가 있고 어떤 의미를 만들어낸다고 해도 우리가 부정하면 그것으로 끝입니다.

다만 그 사람의 머릿속에서 어떤 일이 벌어지는지 모르는 상태에서, 그 사람의 행동만으로 그에게 퀄리어가 있다고 믿어줄 뿐입니다. 이 문제는 기계에게도 그대로 적용됩니다.

기계의 행동과 인간의 행동이 수학적으로 구별되지 않는다면, 우리가 다른 인간에게 퀄리어가 있음을 믿듯이 기계에게도 똑같이 퀄리어가 있음을 믿어야 합니다.

## 퀄리어, 뇌를 지휘하는 마에스트로

지금까지 많은 과학자들이 의식 또는 퀄리어가 어디에서 만들어지는지 알아내려 노력해왔습니다. 핵심은 뇌 안에서 퀄리어를 껐다 켜는 스위치가 있는가 하는 것이었습니다. 이에 DNA를 발견한 크릭이 연구 끝에 한 가지 이론을 내놓았습니다. 의식 또는 퀄리어가 무엇인지 정확히는 모르지만, 적어도 물체를 보거나 듣는 것을 넘어 보고 듣고 느끼는 모든 것을 한데 합쳐놓았을 때만 이것이 가능해진다는 것이었습니다. 왜냐하면 퀄리어의 핵심은 쪼개지지 않는다는 것이기 때문입니다.

그렇다면 뇌의 어느 곳에선서인가는 뇌에 있는 모든 정보가 모여야겠지요. 충분조건은 아니겠지만 적어도 필요조건은 될 것입니다. 뇌 한복판에는 클라우스트룸이라는 아주 작은 영역이 있습니다. 예전에는 이곳이 무엇을 하는 영역인지 잘 몰랐는데, 뇌의 케이블이 대부분 이쪽을 한 번씩 지나간다는 사실이 밝혀졌습니다.

2014년 말 미국 조지워싱턴 대학에서 재미있는 논문을 발표했습

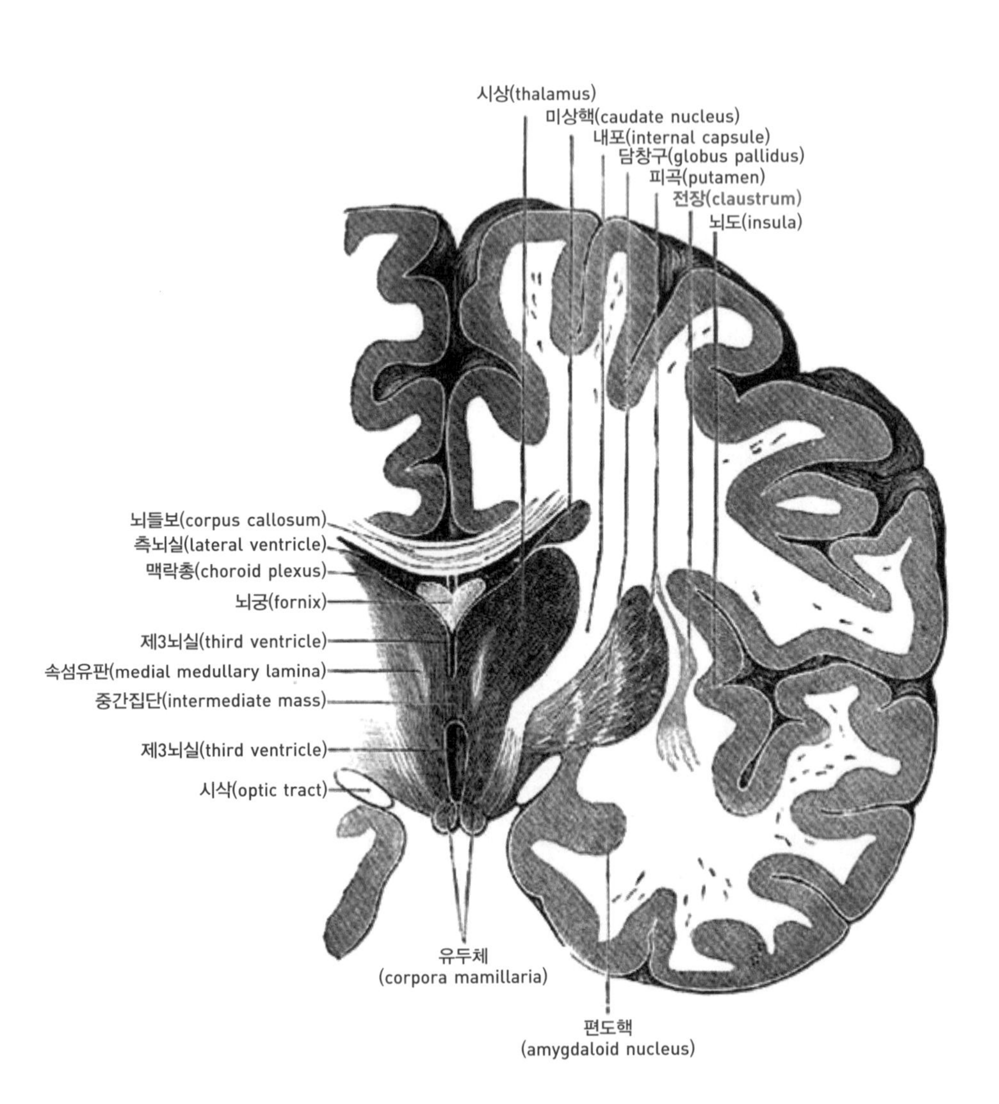
시상(thalamus)
미상핵(caudate nucleus)
내포(internal capsule)
담창구(globus pallidus)
피곡(putamen)
전장(claustrum)
뇌도(insula)
뇌들보(corpus callosum)
측뇌실(lateral ventricle)
맥락총(choroid plexus)
뇌궁(fornix)
제3뇌실(third ventricle)
속섬유판(medial medullary lamina)
중간집단(intermediate mass)
제3뇌실(third ventricle)
시삭(optic tract)
유두체
(corpora mamillaria)
편도핵
(amygdaloid nucleus)

니다. 연구진은 환자의 뇌에 전기 자극을 가해 클라우스트룸을 껐다 켰다 하는 실험에 성공했습니다. 그런데 수술하는 과정에서 흥미로운 결과가 나왔습니다. 우리 뇌의 맨 아래에는 뇌의 시스템을 정지시키는 영역이 하나 있습니다. 쉽게 말해 전원을 꺼버리는 영역이지요. 이 시스템을 꺼버리면 어떻게 될까요? 그냥 기절해버립니다. 여기까지는 예전에도 알고 있던 사실입니다. 그것은 퀄리어가 아닙니다. 단지 시스템의 작동을 일시적으로 정지시키는 것에 불과합니다.

그런데 클라우스트룸을 끄자 기절하지는 않았지만 좀비나 인형 같은 또는 샤이보 같은 식물인간이 돼버렸습니다. 그리고 다시 클라우스트룸을 켜면 시스템이 꺼지기 전에 했던 말을 이어서 했습니다. 실험을 반복해도 마찬가지로 퀄리어가 사라지면서 기계로 변했습니다.

이 실험에서 한 가지 이론 아니 더 정확히는 비유를 유추해낼 수 있습니다. 시각, 청각, 후각 등은 오케스트라의 피아노나 바이올린, 첼로 같은 악기의 역할을 한다면, 클라우스트룸은 그것을 지휘하는 마에스트로의 역할을 한다는 것입니다. 개별 악기들은 혼자 두면 잡음도 나고 불협화음도 생기지만, 지휘자가 자리를 지키고 시간적으로 순서를 정해주는 순간 멋진 교향곡을 연주하는 오케스트라가 되는 것이지요.

그렇게 해서 나오는 창발성emergent property이 곧 의식이자 퀄리어라는 것입니다. 하지만 이것을 모델로 보기는 어렵습니다. 이것이 어떻게 만들어지는지 여전히 알지 못하기 때문입니다. 정리하면 의식과 퀄리어 즉 '나'라는 존재는 뇌가 멀쩡하면 작동을 하지만, 클라우스트룸이라는 지휘자가 뇌에서 일어나는 일들의 순서를 정하지 않으면 그저 좀비에 불과합니다. 작동은 하지만 의미는 없다는 뜻이지요. 하지만 순서를 제대로 정해주기만 하면, 예컨대 빨강에 대한 반응을 보이는 신경세포들의 스파이크에 불과했던 것이 갑자기 빨간 장미의 아름다움이라는 의미를 만들어 느끼기 시작합니다.

여기 의식과 퀄리어의 비밀을 풀었다고 주장하는 사람이 있습니다. 바로 위스콘신 대학의 줄리오 토노니입니다. 토노니는 한 가지 수식을 내놓았는데, 이 순서대로 정보를 주고받으면 가장 완벽한 화음이 된다고 합니다. 말하자면 뇌의 악보를 그려놓은 것이지요. 토노니는 자신의 이론을 『파이: 뇌에서 영혼으로의 항해Phi: A Voyage from the Brain to the Soul』라는 책에 설명해놓았는데, 저도 그의 이론을 다 이해하지 못했습니다.

이탈리아에서 태어나 르네상스와 단테Alighieri Dante에 정통했던 토노니는 『파이』를 쓰면서 단테의 『신곡La Comedia di Dante Alighieri』의 구조를 그대로 모방했습니다. 『신곡』은 단테가 인생의 한복판인 서른세 살 되던 해의 성금요일 어두운 밤에 어딘지 모를 깊은 숲에 들어갔다가, 베르길리우스와 베아트리체의 안내를 받아 지옥과 연옥, 천국을 여행하는 이야기입니다.

이를 본떠 『파이』는 21세기로 온 갈릴레오가 프랜시스 크릭이나 앨런 튜링Alan Turing의 안내를 받아 의식의 세상으로 들어가는 구조로 되어 있습니다. 마치 『신곡』에서 연옥, 지옥, 천국을 여행하듯 뇌의 이곳저곳을 여행하는 이야기지요. 왼쪽 페이지에는 항상 르네상스 그림이 있고 오른쪽에는 자신의 이론을 설명하고 있어, 수학적인 내용과 그림이 잘 융합되어 있다는 평을 듣는 책입니다. 안타깝게도 도판이 너무 많고 내용이 난해해 아직 국내에 소개되지는 못했습니다.

## 정신이 진짜고 물질은 가짜다?

이렇게 뇌과학적으로 퀄리어 바로 전까지는 다 설명되었지만, 정신이 무엇인지는 아직 밝혀지지 않았습니다. 정신이 존재한다고 확신할 수도 없지만 존재하지 않는다고 주장하는 것 역시 어불성설입니다. 많은 뇌과학자들이 의식이나 정신은 없다고 주장하고 있지만, 정작 그렇게 주장하는 당사자도 정신이 있으니 그런 얘기를 하는 것 아니겠습니까? 제가 느끼기에는 정신은 분명 존재하는 것 같습니다. 아무리 착시라고 해도 착시를 하는 그 무엇인가는 분명 존재하니까요.

토노니나 크리스토프 코흐Christof Koch 같은 학자들은 정신도 물질과 똑같은 우주의 기본 성분으로 설명하자고 주장합니다. 물질이 왜 존재하는지 모르는 것처럼, 정신 또는 의식 역시 그냥 존재한다는 가설하에 설명하자는 것이지요.

그러나 퀄리어, 클라우스트룸에 이르러서는 더 이상 앞으로 나아갈 수가 없습니다. 그러다 보니 정반대의 이론을 주장하는 이도 있습니다. 바로 양자 역학의 핵심인 슈뢰딩거의 파동 방정식으로 유명한 에르빈 슈뢰딩거Erwin Schrödinger입니다. 인도 철학에 관심이 많았던 슈뢰딩거는 DNA가 발견되기 전 『생명이란 무엇인가?What is life?』라는 책을 썼고, 왓슨과 크릭은 이 책을 읽고 DNA의 힌트를 얻기도 했습니다.

19세기에는 생명과 물체가 본질적으로 다르다고 생각했습니다. 그래서 화학에서도 유기화학organic chemistry과 무기화학inorganic chemistry을 구분했습니다. 생명체의 화학과 물질의 화학이 다르다는 것은 물론 잘못된 생각이었습니다. 생명이란 화학 구조와 분자의 차이가 아니라고 생각한 슈뢰딩거는 생명을 정보 개념으로 해석했습니다. 그의 책을 읽은 왓슨과 크릭은 인간의 세포 안에서 정보를 전달할 수 있는 무엇인가가 있을 것으로 가정했습니다. 그것이 바로 DNA일 거라고 생각한 이들은 결국 DNA를 해독해내는 데 성공했습니다.

슈뢰딩거는 『자연과 그리스인Nature and the Greeks』이라는 책에서 고대 그리스인들 특히 소크라테스 이전의 철학자들이 자연을 어떻게 해석했는지를 살펴보았습니다. 이 책에서 그는 물체를 가지고 정신을 설명하거나 물체와 정신을 완전히 독립된 것으로 설명하는 그때까지의 이론을 뒤엎고, 진짜 존재하는 것은 정신밖에 없고 물체는 가짜라는 가설을 내놓았습니다. 다시 인도 철학으로 돌아간 것입니다.

한편 MIT 물리학 교수인 맥스 테그마크는 『우리의 수학적 우주Our Mathematical Universe』에서 수학으로 자연을 표현하는 것이 아니라 수학이 곧 자연이라는 강력한 성명을 발표했습니다. 단순화하면 이렇습니다. 사과를 계속 쪼개면 원자가 나오고, 이 원자를 계속 쪼개면 쿼크quark가 나오고, 쿼크를 계속 쪼개면 스트링string이 나옵니다. 스트링을 계속 쪼개면 브레인brane이 나오고, 브레인을 계속 쪼개면 숫자밖에 남지 않습니다. 분명히 존재하던 물체를 계속 파고 들어가면, 현대 기초과학에서는 아무것도 남지 않고 모두 없어진다는 것입니다.

하지만 정신은 끝까지 느낄 수 있지 않을까요? 쪼개고 쪼개도 없어지지 않고 여전히 남아 있지 않을까요? 이렇듯 하나(정신)는 계속 존재하고 다른 하나(물체)는 없어진다면, 언젠가는 사라지는 것보다는 최소 단위가 사라지지 않는 것이 더 실질적인 것이라는 결론이 나옵니다. 이렇게 해서 정신이 진짜이고 물질은 가짜라는 이

론이 만들어지게 된 것이지요.

그렇다면 우리 뇌의 신경세포들이 모여 퀄리어를 만들어내듯이, 우주 안에 있는 인간을 비롯한 생명체들이 우주적 차원의 퀄리어를 만들어낼 수는 없을까요? 만약 그렇다면 우리의 우주는 지금 이 순간 무엇을 느끼고 있을까요?

# 05

## 경험은 왜 중요한가

생각의 프레임을 넓히면 새로운 길이 보인다

인간에게는 두 번의 결정적 시기가 있습니다. 10~12세에는 언어 능력이 결정되고, 17~18세에는 성격과 사회성을 좌우하는 뇌 영역의 발달이 끝납니다. 그러므로 뇌의 하드웨어가 완성되는 젊은 시절에 한국을 넘어 세상을 폭넓게 공부한다면, 편협함에 빠지지 않고 자신이 진정으로 원하는 미래를 설계할 수 있습니다.

### 뇌가 완성되는 순간, 결정적 시기

컴퓨터는 처음부터 완벽한 설계하에 만들어지지만 뇌는 그럴 수가 없습니다. 뇌 속에는 $10^{11}$의 신경세포가 있고 각 세포는 수천수만 개의 다른 세포들과 연결되어 있습니다. 즉 뇌 속에는 모두 $10^{15}$의 시냅스 즉 신경세포의 접합부가 있습니다. 이 많은 시냅스를 유전적으로 100퍼센트 부모에게 물려받기란 불가능에 가깝습니다. 그래서 자연이 찾아낸 방법은 앞서 말씀드린 것처럼 뇌가 완성되지 않은 상태로 태어나게 하는 것입니다.

쉬운 예를 들어보겠습니다. 뇌 속 시냅스가 대한민국 지도가 담긴 내비게이션이라면, 태어났을 때는 고속도로 정도만 완성된 상태입니다. 운 좋게도 부모가 똑똑하다면 고속도로가 몇 개 더 있을 수는 있겠지만, 거시적으로는 큰 차이가 없습니다. 이 내비게이션에는 서울에서 부산까지의 고속도로는 연결되어 있지만, 부산에 도착해서 집까지 가는 길은 무작위로 연결되어 있습니다. 무작위로 연결된 시냅스 가운데는 적절하게 연결된 것도 있고 그렇지 않은 것도 있겠지요.

이렇게 무작위로 연결된 시냅스가 발달 과정에서 최적화되는데 이때를 '결정적 시기critical period'라고 부릅니다. 모든 동물들은 저마다 특정 능력을 관장하는 뇌의 시냅스가 발달하는 특정 시기가 있습니다. 오리는 태어나서 2~3시간, 고양이는 4~8주, 원숭이는 1년, 사람은 10~12년이 결정적 시기라고 알려져 있습니다. 이 기간에는 뇌가 마치 젖은 찰흙 같아서 자주 사용되는 길은 살아남고 사용되지 않은 길은 남김없이 지워져버립니다. 결국 경험이 하드웨어 자체를 바꿔버리는 것인데, 이 시기가 끝나면 찰흙은 굳어버려 동일한 경험을 해도 뇌는 더 이상 변하지 않습니다. 비유하자면 그 뒤로는 하드웨어는 변하지 않고 소프트웨어만 업그레이드되는 것이지요. 결정적 시기는 오스트리아의 동물학자 콘라트 로렌츠Konrad Zacharias Lorenz가 발견한 개념인데, 그는 이 공로를 인정받아 1973년에 노벨 생리의학상을 받았습니다.

인간은 물론이고 동물들이 태어나 맨 처음 해야 할 일은 어미를 찾는 것입니다. 갓 태어난 존재는 연약하여 어미의 보호를 받지 못하면 생존 자체가 어렵습니다. 그런데 뇌가 작은 탓에 물체를 인식하는 것이 쉽지 않습니다. 당연히 어미를 찾는 것도 무척 어렵습니다. 이런 까닭에 뇌에는 갓 태어나 몇 시간의 결정적 시기 동안 처음 본 물체를 평생 따라다니라는 알고리즘이 들어 있습니다. 로렌츠는 거위들이 알을 까고 나올 때 어미를 다른 곳에 숨겨놓고 자기가 앞에 서 있는 실험을 했습니다. 그 결과 새끼 거위들은 그를 어미로 알고 평생 따라다녔다고 합니다. 로렌츠는 새끼 거위들을 이끌고 자신이 살았던 오스트리아의 마을 길을 매일같이 거닐었다고 합니다.

### 결정적 시기가 중요한 이유

결정적 시기를 연구해 노벨상을 받은 이들이 또 있습니다. 앞서 뇌과학에서 역설계 실험을 최초로 시도했다고 말씀드린 휴블과 비셀입니다. 이들은 외부 세계의 정보가 뇌에 도달하는 과정의 비밀을 밝혀낸 공로로 1981년 노벨 생리의학상을 받았습니다. 휴블과 비셀은 지금은 고전이 된 유명한 실험을 진행했습니다. 갓 태어난 새끼 고양이의 한쪽 눈을 가리고 몇 달 뒤 눈가리개를 제거하는 실험이었습니다. 그 결과 놀랍게도 가려졌던 눈의 시신경은 멀쩡한데도 눈이 멀어버리는 일이 발생했습니다. 눈과 뇌의 연결성이 끊어진 탓에, 다른 쪽 눈에 연결될 세포를 남겨놓지 않고 한쪽 눈이 뇌의 시각 영역 모두를 차지해버린 것이지요.

고양이 같은 동물만이 아닙니다. 한국 사람이 한국에서 태어나 결정적 시기에 한국 사람 목소리를 듣고 한국 사람을 보면, 한국이라는 나라에 최적화된 뇌가 형성됩니다. 만약 한국 사람이 러시아에서 나고 자라 러시아 말을 하게 되면, 러시아라는 나라에 최적화된 뇌를 갖게 될 것입니다. 이런 식으로 뇌는 자신이 태어난 세상에 최적화됩니다.

제가 어릴 때는 〈타잔Tarzan〉이라는 외화 시리즈가 인기 있었습니다. 이 드라마에서 어린 시절 원숭이와 함께 지낸 타잔은 나중에 문명 세계로 와서 인간의 언어를 배웁니다. 하지만 이것은 현실적으로 불가능한 얘기입니다. 결정적 시기를 원숭이들과 보냈기에 나중에 인간의 말을 한다는 것은 현실에서는 불가능하다는 것이지요. 또 로마 건국에는 이런 전설이 있습니다. 로물루스Romulus와 레무스Remus가 갓 태어나 티베르 강에 버려져 늑대의 젖을 먹고 자랐다가 로마를 건국한다는 전설입니다. 이 역시 뇌과학적으로는 말이 안 되는 이야기입니다. 결정적 시기를 늑대와 함께 보냈는데 인간의 정체성을 갖고 나라를 세울 수는 없기 때문이지요.

호기심 많던 신성 로마 제국의 황제 프리드리히 2세Friedrich II는 십자군 전쟁에 참전해 여러 나라를 다녔는데, 각 나라의 사람들이 저마다 다른 말을 쓰는 것을 보고 문득 궁금해졌다고 합니다. 세상을 창조한 신은 한 분이고 그분이 이 세상을 다 만들었는데, 왜 사람들은 서로 다른 말을 할까? 프리드리히 2세는 한 가지 가설을 세웠습니다. 우리는 모두 하나의 언어를 가지고 태어났는데 인간 세상에서 살다 보니 인간의 언어에 더럽혀져서 그 지역의 말을 쓰게 되었다는 것이지요.

그는 그렇다면 다른 인간과 접촉하지 않은 갓난아기는 타고난 말 즉 신의 말인 히브리어를 할 것으로 생각했습니다. 그래서 잔인하게도 갓 태어난 농부의 자식들을 납치해 동굴에서 키웠습니다. 당연히 아이들은 히브리어는커녕 아무 말도 하지 못했습니다.

인간이 언어를 배우는 결정적 시기가 언제인지는 지금도 정확하게는 알 수 없습니다. 대략 10~12세쯤이라고 하는데, 이를 정확히 알기 위해 프리드리히 2세처럼 실험을 할 수는 없고 또한 그렇게 해서도 안 되겠지요.

우리가 인간의 결정적 시기를 10년이라고 보는 것은 언어 때문입니다. 예를 들어 미국에서 태어난 아이들의 영어 점수를 보면 일고여덟 살 때쯤 이민 온 아이들과 비슷합니다. 그런데 열 살이 넘어 이민 온 아이들에게서는 조금이나마 사투리가 들렸고 점수도 차이가 났습니다. 이 조사 결과를 근거로 그 무렵이 아닐까 짐작하는 것입니다.

## 인간에게는 또 한 번의 결정적 시기가 있다

인간에게는 결정적 시기가 여러 번 있을 것이라는 이론이 최근에 나왔습니다. 모든 동물들에게 결정적 시기는 단 한 번뿐이지만, 사람에게는 적어도 두세 번의 결정적 시기가 있을 것 같다는 것입니다. 첫 번째는 위에서 설명드린 언어의 결정적 시기로 10~12세 무렵입니다. 그리고 사람의 뇌는 그 뒤로도 계속 변합니다.

두 번째 결정적 시기는 사회성의 결정적 시기입니다. 인간의 뇌 중에서 맨 나중에 완성되는 것이 전두엽입니다. 전두엽은 우리의 성격과 사회성을 좌우하는 영역으로, 이 뇌 영역의 발달이 대략 17~18세쯤에 끝나는 것으로 알려져 있습니다. 우연의 일치인지는 모르겠지만 선거권이 인정되는 나이가 바로 18세입니다. 우리가

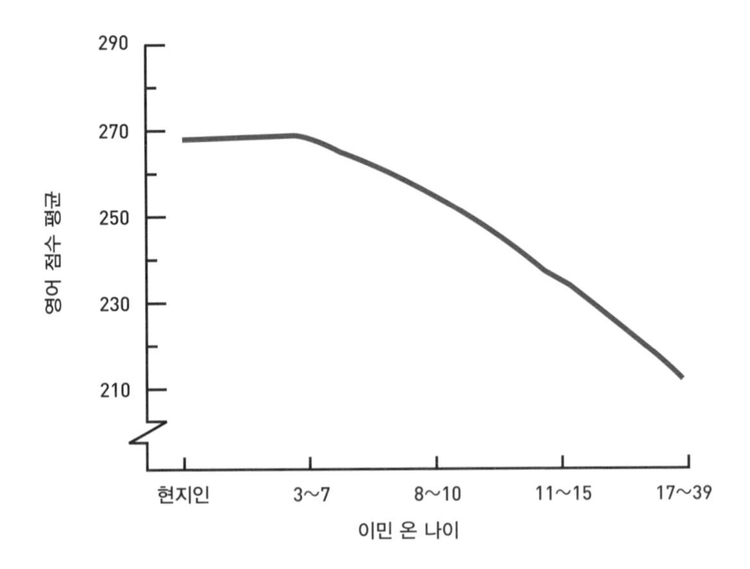

성인이라고 생각하는 나이와 뇌과학적으로 뇌가 더 이상 변하지 않는 나이가 일치합니다.

여기서 한 가지 질문을 해볼 수 있습니다. 뇌를 좀 더 창의적으로 만드는 방법은 없을까? 당연히 있습니다. 결정적 시기에 다양한 경험을 하는 것입니다. 그러면 다양한 길이 살아남습니다. 길이 하나만 있다면 어떨까요? 그 길이 막히면 다른 생각을 할 수도 없고, 또 내가 갈 수 있는 길은 남들도 다 갈 수 있습니다. 반대로 길이 많다면 그 길이 좋은 길인지 나쁜 길인지는 잘 모르겠지만 남들과는 다른 길을 갈 수 있습니다. 창의력이란 이런 것입니다.

저는 해외에서 오래 산 덕분에 여러 나라의 친구들을 만났습니다. 그들의 얘기는 한결같았습니다. 독일인 친구들은 이렇게 말합니다.

"내가 독일 사람이어서가 아니라 이 세상에서 독일이 제일 좋지 않아? 자본주의와 사회주의의 장점을 적절하게 취합했잖아."

독일 친구들의 얘기를 들어보면 그런 것도 같습니다.

미국인 친구들을 만나면 이렇게 말합니다.

"내가 미국 사람이라서가 아니라 미국이 제일 좋지 않아? 개인의 자유를 존중하잖아."

들어보면 그 말도 맞는 것 같습니다. 일본 친구들도 다르지 않습니다.

"절대로 내가 일본 사람이라서가 아니라 일본이 세상에서 제일 좋잖아. 전통을 잘 지키고 성실하고….”

언뜻 들으면 다 맞는 말 같습니다. 하지만 모두 자신들의 사회가 자신들에게 가장 편한 사회라는 의미에 지나지 않습니다. 저는 10대 초반에 한국을 떠나 30년 가까이 외국에서 살다가 돌아왔습니다. 마음은 그다지 편하지 않았지만 이상하게도 머리는 정말 편해졌습니다. 대한민국이라는 시공간적·사회적 프레임이 저의 뇌를 만들었기 때문입니다. 그렇게 만들어진 하드웨어를 있는 그대로 사용할 수 있으니 편한 것입니다. 이곳에서는 길게 설명할 필요도, 선택을 정당화할 필요도 없으니까요.

여기서 문제가 생깁니다. 우연히 미국에서 태어났다는 이유로 미국이 최고이고 기독교가 진리라고 생각하는 사람이 있다고 합시다. 만약 이 사람이 우연히 아프가니스탄에서 태어나 중동이 최고이고 이슬람이 진리라고 생각하는 사람을 만나면 어떻게 될까요? 타협을 할 수 없게 됩니다. 둘 다 하드웨어가 이미 만들어져 굳어진 상태이기 때문이지요. 그래서 저는 늘 교육의 순서를 조금 바꿔야 한다고 이야기합니다. 우리가 결정적 시기에 배운 정보는 뇌의 하드웨어를 바꿔놓는데, 이 시기 이후 그것을 바꾸기란 무척 어렵습니다.

그러니 결정적 시기에는 과학이나 수학, 논리, 언어, 인권처럼 인류가 공유할 수 있는 불변의 진리를 가르쳐주어야 합니다. 그러고 나서 역사나 이념, 종교처럼 그 나라에 최적화된 것을 가르치는 것입니다. 예컨대 아프가니스탄에서 태어나 이슬람을 먼저 배우는 사람은 평생 그것만이 진리라고 생각하며 살아갈 것입니다. 반면 아프가니스탄에서 태어났어도 인류 공통의 진리를 먼저 배울 수 있으면 유연하고 열린 사고를 가지고 살아가게 될 것입니다.

### 넓은 세상을 볼 때 가고 싶은 길이 보인다

마지막으로 내재적 동기intrinsic motivation에 대해 말씀드릴까 합니다. 이는 뇌를 창의적으로 만드는 또 다른 방법이기도 합니다. 저는 대학교 신입생이 들어오면 항상 물어보는 것이 있습니다.

"왜 하필이면 카이스트 전자과에 들어왔습니까?"

대부분은 성적이 되어 들어왔다거나 부모님이 IT가 대한민국의 미래라고 해서 왔다고 답합니다. 이 말은 그냥 생각 없이 들어왔다는 것과 다름없습니다. 그들도 자신이 왜 그 대학의 그 학과에 들어왔는지 잘 모릅니다.

우리에게는 어린 시절부터 자신이 진정으로 원하는 것이 무엇인지 스스로 질문해볼 기회가 거의 없습니다. 그저 부모님 말 잘 듣고, 선생님 말 잘 듣고, 교수님 말 잘 듣고, 직장 상사 말 잘 듣고, 남편이나 아내 말 잘 듣고, 마지막에는 자식들 말 잘 듣고…. 이렇게 타인이 제시하는 삶의 모델을 따라가기 급급한 까닭에 자신을 돌아볼 기회가 거의 없는 것이지요.

이것은 우리나라의 비극 가운데 하나입니다. 한국 사람들은 대부분 자신이 하고 있는 일을 왜 하는지 모르는데, 한편으로는 대부분 똑똑하고 착합니다. 착하고 똑똑한데 자기 일을 왜 하는지 모른다는 것은 최악의 조합입니다. 똑똑하니까 무슨 일이든 웬만큼은 하고, 착하니까 도망가지 않고 끝까지 해냅니다. 그러다 어느 순간 삶의 방향을 잃는 것입니다. 이런 상황에서는 웬만한 수준까지 올라갈 수는 있지만 결코 탁월한 성취를 이룰 수는 없습니다.

몇 해 전 이스라엘에서 열린 학회에 참석했을 때의 일입니다. 학회에 참석한 교수님의 집에 초대를 받아 저녁을 먹었는데, 그 집 큰딸이 고등학교 1학년이었습니다. 호기심이 생겨 물어보았습니다.

"고등학교를 졸업하면 뭘 할 거니?"

"이스라엘에서는 고등학교를 졸업하면 여자들도 군대를 가야 해요. 저도 2년 동안 군 복무를 할 거예요."

"군대에 다녀와서는 뭘 할 생각이니?"

"1년 동안 배낭 메고 세계여행을 할 거예요."

저는 깜짝 놀랐습니다. 우리나라 학생이었다면 고등학교를 졸업하고 2년이나 놓쳤으니 하루라도 빨리 대학에 가려 서두르지 않았을까요? 그래서 또 물어보았습니다.

"아니 왜? 빨리 대학에 들어가야 하지 않아?"

"아니요. 군 복무를 하면 애국심은 생기겠지만 민족주의자가 될 수도 있어요. 그러니 한번 넓은 세상을 보고 싶어요."

참으로 대단하다는 생각이 들었습니다. 이번에는 무엇을 전공할 생각인지 물었습니다.

"세계여행을 갔다 와서 1년 동안 사회봉사를 할 생각이에요. 저는 교수님 딸로 태어나서 편하게 살아왔잖아요. 이스라엘에는 아랍 사람, 팔레스타인 사람 등 다양한 사람들이 사는데, 저는 그 사람들이 어떻게 사는지 잘 몰라요. 앞으로 인생을 어떻게 살아가야 할지는, 이스라엘을 알고 세상을 알고 그 안에서 살아가는 사람들의 삶을 보다 보면 자연스레 답이 나올 거라고 생각해요. 그렇게 꿈이 생기면 그때 전공을 정해 열심히 공부하면 된다고 생각해요."

마음속으로 천재라는 감탄을 했습니다. 아이의 말로는 이스라엘의 중산층 가정 학생들은 대부분 그런 식으로 살고 있다고 합니다. 그러다 보니 어떻게 살아야 할지 알게 되고 꼭 맞는 전공을 찾아가는 것이겠지요.

이스라엘 학생과 다르게 우리나라는 삶의 폭, 경험의 폭dynamic range이 너무 좁습니다. 휴대폰의 해상도에만 관심을 가질 뿐 삶의 해상도에는 관심이 없습니다. 저는 학생들에게 늘 지금 이곳 학교에서 많은 것을 배운 다음에는 꼭 세상의 폭을 경험하라고 합니다. 폭이 좁은 세상에서는 자신이 지금 무엇을 하고 싶은지 모르는 것이 당연합니다. 한국을 넘어 세상을 폭넓게 경험하고 나면 자연스럽게 자신이 무엇을, 왜 하고 싶은지 정확히 알게 될 것입니다.

# 4강

# 뇌와 영생

# ‘나’는 영원한 존재인가

인공지능의 발달로 가상·증강현실이라는 새로운 세상이 다가오고 있다.
가상의 이미지가 실제 현실처럼 우리 눈앞에 펼쳐지며
멀리 떨어진 사람은 물론 죽은 사람과도 상호 작용할 수 있는 시대.
인간은 영원히 살 수 있을까? 무한은 과연 무한할까?
가상·증강현실에 비친 우리의 모습은 어떠할까?
다가오는 인공지능의 시대를 맞아 우리는 인간 존재의 확실한 이유를 확보하기 위해서라도
우리들 존재의 정당성을 주장할 철학적 답을 찾아 나서야만 한다.

# 01

## 왜 죽기를 두려워하는가

영생은 순환 관계에 대한 믿음에서 시작된다

자아는 뇌의 정보이며 이 정보만 유지되면 자아는 영원히 살 수도 있습니다. 여기서는 인간은 왜 죽기를 두려워하는지, 어떻게 해야 죽음을 극복할 수 있는지에 대한 철학적이고 근본적인 질문을 해 보겠습니다.

인간은 영원히 살 수 있을까요? 무한은 과연 무한할까요? 다가오는 인공지능의 시대는 우리에게 무한과 영생이 가능하다고 속삭입니다. 그렇다면 과연 지금 우리는 무엇을, 어떻게 준비해야 할까요?

## 역사에 이름을 남긴다는 것

다음 그림은 이집트의 피라미드입니다. 유명한 역사적 유적이지요. 여기에는 'Ding Jinhao'라는 중국인의 이름이 새겨져 있습니다. 3000년이 넘는 유적에 일부 부도덕한 중국 관광객이 낙서를 한 것입니다. 왜 이름을 남겼을까요? 왜 우리는 이름을 남기는 것을 좋아할까요?

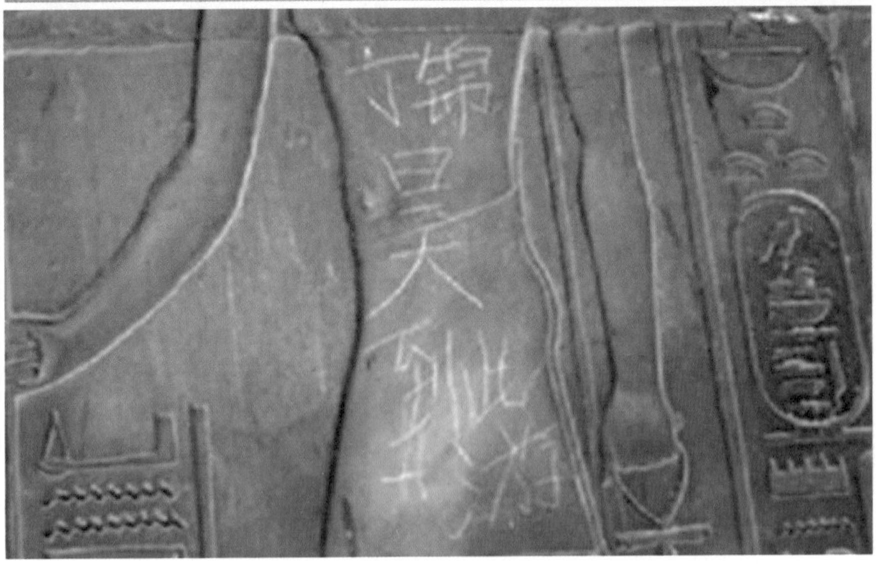
丁锦昊
到此
游

그다음 그림은 진시황제秦始皇帝의 무덤입니다. 진시황제는 불로초를 구하지 못해 영생을 못하고 죽은 중국의 황제입니다. 그런데 바로 그 이유로 무덤이 남아 있고 후세에까지 이름이 전해지고 있지요. 마지막 그림은 뉴욕의 트럼프 타워입니다. 잘 아시다시피 미국 대통령 도널드 트럼프Donald Trump가 지은 건물입니다. 트럼프는 이 건물을 자기 이름을 따 트럼프 타워라고 불렀습니다. 이렇게 트럼프 타워를 짓고 카지노도 짓더니 급기야는 대통령이 되고자 하는 욕망을 갖게 된 것이지요. 왜 그랬을까요? 유명해지기 위해서입니다. 나아가 역사에 이름을 남기기 위해서입니다.

이름을 남긴다는 것은 영원히 살고 싶은 욕망의 산물입니다. 당연한 말이지만 우리 인간은 결코 영원히 살 수 없습니다. 리처드 도킨스Richard Dawkins의 『이기적인 유전자The Selfish Gene』에 나오는 이론을 빌려보면, 영원히 살기 위해서는 유전자가 살아남아야 합니다. 이를 위해 우리 인간은 다양한 방법을 탐색하고 행동으로 옮깁니다. 뇌과학으로 볼 때 이름을 남기는 것은 뇌가 만들어낸 착시 현상입니다. 즉 내 이름이 남으면 내 유전자도 살아남을 확률이 높다는 것은 착시 현상일 뿐이라는 것이지요.

역사적으로 볼 때 유라시아 사람들의 3분의 1이 칭기즈 칸Chingiz Khan의 후손이라고 합니다. 여기에는 그럴 듯한 이유가 있습니다. 역사에 길이 이름을 남겼다는 것은 그만큼 당대에 유명했다는 뜻입니다. 물론 유명해지는 것이 유전자가 살아남는 필수조건은 아

TRUMP TOWER
TRUMP TOWER

닙니다. 다만 유명했다는 것은 세상을 지배했다는 것이며, 그만큼 다른 남성 경쟁자들을 없애버렸다는 의미가 될 수 있습니다. 지금 시대와 다르게 과거 시대의 지배자들은 자신의 유전자를 살리기 위해 다른 남성 경쟁자들을 없애버리는 방법을 썼습니다. 그래야 자신의 유전자가 후세에도 살아남을 가능성이 높아진다는 것이었지요. 결국 유명해지겠다는 욕망은 자신의 유전자를 영원히 살게 하겠다는 것과 밀접한 관련이 있음을 알 수 있습니다.

유럽의 어느 학자가 네덜란드와 독일 사람들의 조상이 누구인지 기록을 찾아보았다고 합니다. 신기하게도 귀족, 백만장자, 농부 할 것 없이 현재 살아 있는 사람들 대부분이 1000년 전만 해도 1퍼센트에 해당하는 최상위 계급 출신이었다고 합니다. 이들 1퍼센트를 제외한 나머지 사람들은 후손을 남기지 못한 것으로 밝혀졌습니다. 즉 후대에까지 살아남지 못했다는 뜻이지요. 이런 식으로 현재의 1퍼센트가 다음 시기의 99퍼센트를 만들고, 또 99퍼센트 중 1퍼센트가 또 다른 시기의 99퍼센트를 만든다는 것이 그의 주장입니다. 여기에 따르면 내가 업적을 남기는 유명한 사람이 되려면 1퍼센트 아니 0.000001퍼센트에 속해야 합니다. 그래야 내 유전자가 타인의 유전자보다 더 오래 살아남을 수 있다는 것이지요. 완전히 말이 안 되는 얘기는 아닌 것 같습니다. 이 얘기의 핵심은 인간은 누구나 유전적으로 오래 살아남고 싶어 한다는 것입니다. 다시 말해 영원히 살고 싶다는 것입니다.

## 지적인 존재란 죽음을 상상할 수 있는 존재다

영원히 살고 싶은 우리 인간이 발견한 것은 아이러니하게도 죽음이었습니다. 인간에게 죽음이란 무슨 의미일까요? 예컨대 동물들도 부모나 자식이 죽으면 슬픔을 느낄 것입니다. 그렇다 해도 동물이 느끼는 감정이란 함께 시간을 보내고 자주 눈에 띄던 존재가 더 이상 눈앞에 없다는 식의 감성적 기억에 불과합니다. 동물은 지적인 생각을 통해 죽음과 죽음의 이유에 대해 질문하지는 않는 것 같습니다.

대학원 시절에 고양이와 원숭이를 대상으로 동물 실험을 한 적이 있습니다. 처음에는 고양이를 대상으로 한 실험이었습니다. 매일 아침 고양이 무리에서 한 마리를 데려와 두개골을 열어 뇌를 연구했습니다. 당연히 그 고양이는 원래의 무리로 돌아갈 수 없었습니다. 이러기를 매일같이 반복했습니다. 그런데도 무리의 고양이들은 아침에 제가 나타나면 무서워하기는커녕 반기며 좋아했습니다. 아침마다 밥을 주었기 때문이지요.

고양이 실험을 끝내고 나서는 원숭이를 대상으로 실험했습니다. 고양이 실험을 할 때와 비슷한 절차와 과정이 반복되었습니다. 즉 매일 아침 원숭이 무리에서 한 마리를 데려와 뇌를 열어보았습니다. 그 원숭이 역시 저녁에는 돌아가지 못하거나 정신이 이상해져서 돌아가곤 했습니다. 그러기를 일주일이 지나자 원숭이들은 제게 소리를 지르며 바나나를 집어던졌습니다.

고양이와 원숭이의 반응이 다른 이유는 무엇이었을까요? 위의 실험 결과에 비추어보면, 고양이가 현재의 시간 위주로 사는 동물이라면 원숭이들은 미래에 대해 추론을 하는 동물로 볼 수 있습니다. 추론이란 과거를 정량화하여 현재와 미래를 위한 아이디어로 바꾸는 사고 과정을 말합니다. 고양이들은 기억은 조금 할 수 있을지언정 미래에 대한 추론은 거의 하지 못합니다. 반면 원숭이들은 기억을 할 뿐 아니라 미래에 대한 추론도 합니다. 미래에 자신도 다른 원숭이처럼 될지도 모른다는 예상을 한다는 것이지요.

원숭이들의 머릿속 생각을 들여다보면 이럴 것 같습니다.

'아침까지 멀쩡하던 친구가 누군가의 손에 끌려갔다 안 돌아오기도 하고 머리가 이상해져서 돌아오기도 한다. 이상한 일이다. 친구들은 점점 사라지거나 변하는데 늘 변하지 않고 반복되는 것은 저 인간이다. 그렇다면 저 인간은 나쁜 인간이고, 나도 언젠가는 저 나쁜 인간에게 당할 수 있겠다. 나는 저렇게 당하고 싶지 않다.'

결론적으로 말하면 원숭이들은 인과 관계의 핵심이 저라는 인간인 것을 찾아내고 미래에 대한 추론을 했다는 것입니다. 이런 사실에 섬뜩해진 저는 결국 동물 실험을 그만두고 MRI 실험으로 방향을 틀었습니다.

사실 제가 동물 실험을 한 것은 뇌에 대해 알고 싶어서였습니다. 그런데 컴퓨터 시뮬레이션을 할 수는 없으니 직접 뇌를 열

어 들여다보는 방법밖에 없었습니다. 동물 실험을 하는 동안 저는 동물은 미래에 대해 추론을 할 수 없는 기계에 불과한 존재라고 스스로를 정당화했습니다. 미래가 아닌 현재를 살기에 고통만 주지 않는다면 가령 수술을 해도 문제가 없다고 생각한 것이지요. 하지만 이것은 착각이었습니다. 원숭이는 수술을 받는 순간에는 아픔을 느끼지 못할지 모르나 미래를 상상하며 슬픔을 느끼는 존재였습니다. 다른 원숭이에게 일어나는 일이 미래에 자신에게도 일어날 수 있는 일이라는 추론을 할 수 있는 존재였습니다.

사람이 죽고 이 세상에서 없어진다는 것은 우리가 살아가는 한 피할 수 없는 운명입니다. 많은 원주민들의 전통에서는 사람이 죽은 뒤 곧바로 그를 다른 곳에 묻는 것이 아니라, 아직 살아 있는 것처럼 치장을 하여 원래 살던 곳에 두는 풍습이 있습니다. 앞서 말했듯이 이스라엘의 예리코 같은 곳에서는 해골에 찰흙을 발라 마치 살아 있는 듯한 형상으로 만들기도 했습니다. 이런 식으로 원래 살던 집에 두면 영혼은 죽지 않고 영원히 살 수 있다고 믿었습니다.

## 엘레우시스 비의, 삶과 죽음의 비밀

죽음에 대한 두려움을 이야기하는 유명한 신화가 있습니다. 바로 그리스 신화 중 하나인 프로세르피나Proserpina 신화입니다. 라틴어로 프로세르피나인데 그리스어로는 페르세포네Persephone라고 부릅니다.

프로세르피나는 곡식의 여신 또는 농업의 여신으로 알려진 데메테르Demeter의 딸입니다. 신 중의 신인 주피터Jupiter에게는 동생이 하나 있었습니다. 바로 지옥의 신 하데스Hades였습니다. 그리스 신화에 자주 나오는 것처럼 아름다운 여성이 있으면 신들은 가만두지 않았습니다. 지옥의 신 하데스도 마찬가지였습니다. 프로세르피나에게 한눈에 반한 하데스는 그녀를 납치해 지하 세계로 데려갔습니다.

지하 세계에는 특별한 규칙이 하나 있었습니다. 그 세계로 내려오면 지상으로 돌아가지 못한다는 것이었지요. 특히 무엇이든 조금이라도 먹으면 다시는 돌아가지 못했습니다. 그런데 불행히도 프로세르피나는 과일을 베어 먹는 바람에 지상으로 돌아갈 수 없게 되었습니다. 그러자 지상 세계에서는 난리가 났습니다. 데메테르가 딸을 찾아 헤매느라 자신의 할 일을 손에서 놓았기 때문이지요. 새로운 생명을 키우고 기르는 것이 곡식의 여신인 데메테르가 해야 할 일인데, 데메테르가 아무 일도 하지 않으면서 곡식들은 죽어가고 동물들도 죽어갔습니다. 사람들 역시 하나둘씩 굶어 죽기 시작했습니다.

인간 세상만이 아니라 신들에게도 문제가 생겼습니다. 그리스 신들은 불사신이었지만 제물의 연기를 먹어야 살 수 있는 존재이기도 했습니다. 그런데 곡식과 가축이 모두 죽으면서 신들에게 바칠 제물이 없어졌고, 사람이 죽으면서 제물을 바칠 존재도 없어졌습니다. 즉 바칠 제물이 없어 제물에서 나오는 연기가 없으니 신들이 굶어 죽게 생긴 것이지요. 화가 난 신들이 들고일어나자, 주피터는 동생 하데스에게 프로세르피나를 지상으로 돌려보내라는 명령을 내립니다. 하데스는 지하 세계의 일은 자신의 영역이라며 거절을 합니다. 그러나 신들의 사회에서 분란이 끊이지 않자 주피터와 하데스는 결국 협상을 합니다. 프로세르피나로 하여금 1년의 4분의 1은 지하에서 살고, 4분의 3은 엄마 데메테르가 있는 지상에서 살도록 한 것이지요.

우여곡절 끝에 프로세르피나는 봄, 여름, 가을 동안에는 엄마와 함께 살 수 있게 되었습니다. 딸을 다시 찾은 기쁨에 데메테르는 이 세 계절 동안은 세상을 푸르게 만들고 곡식을 자라게 했습니다. 하지만 겨울이 되면, 데메테르가 딸을 지하 세계로 보낸 슬픔에 잠겨 아무 일도 하지 않아 모든 생명이 죽는 일이 발생했습니다. 이것을 오늘날 우리는 사계절의 기원으로 보고 있습니다.

고대 그리스에는 엘레우시스 비의Eleusinian Mysteries라는 것이 있었습니다. 고대 그리스인들의 삶과 죽음에 대한 관심이 신비로운 종교 의식을 탄생시킨 것입니다. 엘레우시스 비의는 피할 수 없는 사후 세계에 대한 두려움을 해소하고 행복한 사후를 약속해주는 신

비로운 의식이었습니다. 현대의 고급스러운 클럽 멤버십처럼 그리스에서 잘나가는 1퍼센트 아니 0.0001퍼센트에 속하는, 즉 황제 귀족만이 멤버가 될 수 있었습니다. 여기에 들어가면 삶과 죽음의 비밀을 이해하게 된다는 것이 이들의 약속이었습니다.

이들이 말하는 삶과 죽음의 비밀이란 무엇이었을까요? 지금도 엘레우시스라는 동네에 가면 동굴이 남아 있습니다. 클럽에 가입한 사람들은 1년에 한 번씩 동굴에 들어갈 기회를 얻습니다. 한 달에 이르는 오랜 기간 동안 제물을 바치고 춤을 추는 등 준비를 한 다음, 마약으로 환각에 취한 상태에서 동굴 속으로 들어갑니다. 동굴의 끝에 이르면 우주의 비밀 즉 삶과 죽음의 비밀을 알 수 있었다고 합니다.

그것이 무엇인지 현재는 알려져 있지 않습니다. 신비의 비밀을 말하는 순간 그 자리에서 죽는다는 저주 때문이지요. 무서워서인지 아직까지는 입을 연 사람이 없는 것 같습니다.

그렇지만 다양한 증거를 가지고 동굴 속 상황을 재현해볼 수는 있습니다. 동굴 끝까지 들어가보면 박스가 하나 놓여 있는데, 이 속에 삶과 죽음의 비밀이 담겨 있다고 합니다. 그런데 전해진 바로는 그것이 단순한 곡식 한 알이라고 하는군요. 어째서 삶과 죽음의 비밀이 곡식 한 알이라는 것일까요? 곡식 한 알이란 세상 모든 것이 순환 관계에 있음을 보여주는 상징적 존재입니다. 겨울에 죽은 생명이 봄에 다시 살아나듯 죽으면 그것으로 끝이 아니라 다시 시

작할 수 있다는 것이지요.

엘레우시스 비의에는 그리스인들이 예전에 가지고 있던 믿음, 즉 인생과 우주는 순환 관계에 있다는 믿음이 반영되어 있습니다. 즉 우리 인간의 삶은 태어나고 죽고 또 태어나는 등의 순환성을 띤다는 것이 엘레우시스 비의의 숨은 의미라는 것이지요. 이것은 사실 우리 인간이 알아야 하는 최고의 비밀이기도 합니다.

# 02

## 무한이란 무엇인가

무한을 증명할 수 없음을 증명하다

우리가 죽는 순간을 두려워하는 것은 지극히 당연한 일입니다. 무섭고 아플 테니까요. 하지만 죽음, 다시 말해 내가 더 이상 존재하지 않는 상태를 두려워하는 것은 이해하기 어렵습니다. 왜냐하면 138억 년이라는 거대한 우주의 역사 중 99.99999…퍼센트는 나라는 존재가 없던 시기이기 때문입니다.

## 우주는 왜 무가 아니라 유인가

내가 태어나기 전의 세상과 죽은 후의 세상은 하나도 다르지 않습니다. 내가 태어나지 않았을 때도 우주는 잘 돌아갔고, 70~80년 살다 사라진 뒤에도 잘 돌아갈 것입니다. '우주 더하기 나'와 '우주 빼기 나'의 차이가 없다는 뜻입니다. 따라서 우주의 차원에서 객관적이고 거시적으로 보면 죽음을 두려워할 이유가 하나도 없습니다. 장구한 우주 역사에서 내가 존재한다는 것이 오히려 이상한 일입니다. 내가 없는 상태가 우주의 차원에서는 더 자연스러운 상태일 것 같습니다. 1 대 100도 아니고 70년 대 138억 년이니까요. 어쩌면 나라는 존재는 바이러스나 병에 불과할지도 모릅니다. 결과적으로 말해 우주의 역사에서 보면 우리가 죽음을 두려워할 이유가 하나도 없습니다.

더글러스 애덤스Douglas Adams라는 소설가가 쓴 『은하수를 여행하는 히치하이커를 위한 안내서The Hitchhiker's Guide to the Galaxy』라는 책이 있습니다. 이 책에는 엄청나게 진화한 외계인 종이 살고 있는 혹성이 등장합니다. 이들은 우주의 모든 문제를 해결했지만 단 하나 '왜 살아야 하는가'라는 질문은 해결하지 못했습니다. 수천 년 동안 이론을 만들고 궁리를 해도 답을 찾지 못한 것이지요. 그래서 온갖 기술을 동원하여 혹성에서 가장 큰 컴퓨터를 만들었습니다. 이른바 알파고를 만든 것입니다. 이것은 '딥 쏘트Deep Thought'라는 이름의 컴퓨터로, IBM이 이를 본떠 '딥 블루Deep Blue'라는 컴퓨터를 만들기도 했습니다.

이들은 딥 쏘트에게 우주에 대해 생각하도록 시켰습니다. 어찌나 똑똑한지 이 컴퓨터는 부팅이 되자마자 곧바로 "나는 생각한다, 고로 존재한다"라는 답을 냈습니다. 이어 우주에서 삶의 의미를 찾아낼 수 있는지 물으니, 찾아낼 수는 있으나 시간이 걸린다고 답했습니다. 얼마를 기다리면 되는지 다시 묻자, 한 100만 년 정도 기다리면 된다고 답했습니다.

100만 년 뒤 후손의 후손의 후손…이 와서 답을 찾았는지 물었

습니다. 그러자 딥 쏘트는 답은 찾았는데 마음에 안 들 거라고 답했습니다. 외계인의 후손은 그 답을 구하려 너무도 오래 기다렸다, 마음에 안 들어도 되니 이제 삶의 의미를 말해달라고 했습니다. 그러자 마침내 딥 쏘트가 입을 열었습니다.

"삶의 의미는 바로 42다."

현재 구글에 "삶의 의미란 무엇인가" 하고 물으면 "42"라고 나옵니다. 애플의 음성 인식 프로그램 시리Siri도 42라고 말한다더군요.

42가 무슨 뜻이냐는 물음에 딥 쏘트는 이렇게 말했습니다.

"답은 42가 맞지만 질문 자체가 맞지 않다. 삶의 의미를 정확히 표현할 수 있는 질문을 찾으면 이 답이 이해될 것이다."

그래서 이번에는 질문을 찾아달라고 하자, 자신은 너무 어려워

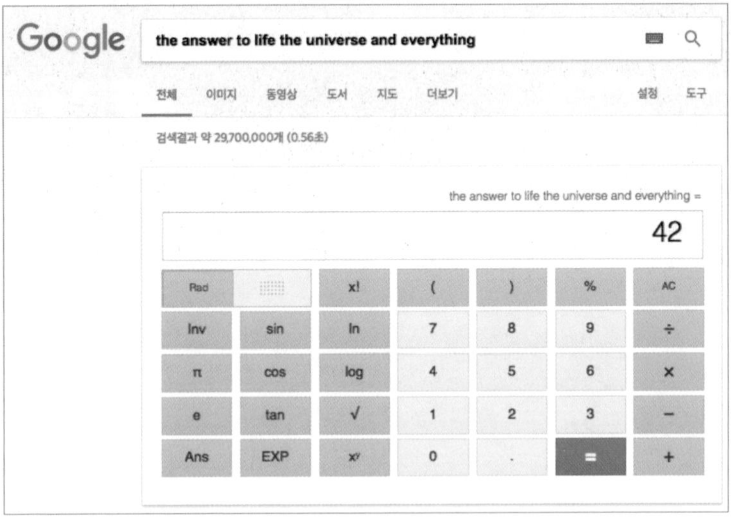

찾을 수 없으니 컴퓨터를 하나 만들어주겠다고 했습니다. 무슨 컴퓨터냐는 물음에 딥 쏘트는 답했습니다.

"이 컴퓨터는 이 혹성만큼이나 크고 이름은 지구다."

딥 쏘트가 내린 결론은 이렇습니다. 지구라는 혹성이 삶의 의미를 찾아내는 컴퓨터라는 것입니다.

20세기 독일 철학의 대가였던 하이데거Martin Heidegger는 1929년 '형이상학이란 무엇인가Was ist Metaphysik'라는 제목의 강연에서, '도대체 왜 존재는 존재하고 무가 아닌가?Warum ist Überhaupt Seiendes und nicht vielmehr Nichts?'라는 질문을 던집니다. 우주가 있을 이유가 하나도 없으며 없는 것이 더 자연스러운데도 '왜 우주는 무無가 아니고 유有인가'라는 것입니다. 그전까지는 존재가 어떻게 존재하는지를 문제 삼았다면, 하이데거는 왜 존재는 무가 아니고 유인가라는 질문을 던진 것이지요.

사실 이것은 동양에서는 계속해온 질문이었지만, 서양 철학에서는 찾아보기 어려웠던 질문입니다. 덕분에 하이데거는 서양 철학에서 일약 스타가 되었습니다. 하이데거의 사상이 집약되어 있는 책이 바로 그 유명한 『존재와 시간Sein und Zeit』입니다.

하이데거는 개인적으로 문제가 많은 사람입니다. 하이데거의 스승 에드문트 후설Edmund Husserl은 당대 독일 최고의 철학자이자 유대인이었습니다. 원래는 물리학을 전공했다가 나중에 철학으로 바꿔 최고 철학자가 된 분입니다. 하이데거의 아이디어는 대부분 후

설의 아이디어를 복사한 것입니다. 원래 누구의 아이디어인지 알 수 없게 개념과 표현들을 괴상하게 비틀었습니다. 뿐만 아니라 1933년 나치가 프라이부르크 대학에 난입했을 때, 나치 배지를 달고 프라이부르크 총장 자리에 올랐습니다. 곧이어 스승도 쫓아내고 유대인 학생들도 모두 쫓아냈습니다.

저는 하이데거가 아무리 뛰어난 철학자라 하더라도 개인적으로 문제가 있는 분이라고 생각합니다. 이분의 철학이 나치나 독재주의와 연관이 있는지에 대한 다양한 논쟁들이 있는 것도 사실입니다. 물론 하나는 인정해야 할 것 같습니다. 하이데거는 그리스 철학 특히 소크라테스 전 철학인 파르메니데스Parmenides 철학의 최고 권위자였습니다.

## 움직임이란 착시 현상이다?

많은 사람들이 서양 철학의 시작으로 고대 그리스 엘리아 학파의 파르메니데스를 꼽습니다. 파르메니데스가 쓴 책들은 대부분 사라졌고 현재 제목만 몇 개 남아 있습니다. 그중 가장 유명한 것이 바로 『하나와 여러 개The One and the Many』입니다. 여기에 몇몇 남아 있는 단어들이 있는데 그중 하나가 'ὅπως ἐστίν'입니다. 다양한 번역이 가능하겠지만 가장 쉬운 번역은 '존재는 하나'입니다. 존재가 하나라니 무슨 뜻일까요?

파르메니데스 이전에는 다양한 존재가 다양한 세상에서 산다고 믿었습니다. 즉 신들은 신들의 세상에서 살고 사람은 사람의 세상에서 살며, 또 동물은 동물의 세상에서 살고, 벌레는 벌레의 세상에서 산다고 생각했습니다. 신과 사람, 동물과 벌레가 서로 다른 존재이기에 각자 다른 데서 산다고 본 것이지요. 그런데 파르메니데스의 주장처럼 존재가 하나라면 어떨까요? 우주의 법칙도 하나가 될 것입니다. 예컨대 벌레들의 행동을 좌우하는 법으로 신들의 행동을 이해할 수 있다는 뜻입니다. 지금 봐서도 상당히 혁명적인 생각이지요. 파르메니데스 철학 덕분에 세상을 조금이나마 이해할 수 있을 것 같다는 믿음이 생겨나기 시작했습니다.

파르메니데스에게는 뛰어난 제자가 있었습니다. 바로 제논Zenon입니다. 유명한 제논의 역설Zenon's paradoxes을 만든 분이지요. 제논은 스승 파르메니데스의 주장이 맞다는 것을 수학적으로 증명하며 평생을 보냈습니다. 그는 스승의 말대로 존재가 하나라면 변화란 불가능하다고 보았습니다. 변화란 사실 존재하지 않으며 모든 것은 똑같다는 것이었지요. 이렇게 변화가 존재하지 않기에 움직임도 존재하지 않으며, 움직이는 것으로 보이는 것은 사실 착시 현상이라고 했습니다.

제논의 역설은 이 세상은 아무것도 변화하지 않으며 움직이는 것도 없다는 것을 증명하는 이론입니다. 내용은 이렇습니다. 아킬레스와 거북이가 달리기를 합니다. 거북이보다 아킬레스가 빠르니

거북이가 조금 앞에서 출발합니다. 시간이 지나면 아킬레스는 상당히 앞으로 나아가겠지요. 거북이도 가만 있지 않고 아킬레스보다 조금 더 앞으로 나아갑니다. 시간이 또 지나 아킬레스가 거북이가 있던 자리까지 가면 거북이는 조금 더 나아갑니다. 또다시 아킬레스가 거북이가 있던 자리까지 가면 거북이는 또 조금 더 가고…. 문제는 거북이와 아킬레스 간의 거리가 무한으로 작은 거리가 될 수 있다는 것입니다. 아킬레스는 거북이와 아주 가까워질 수는 있지만, 거북이를 따라잡지는 못한다는 의미이지요.

비슷한 예로 화살을 들 수 있습니다. 쏜 화살이 과녁에 맞으려면 우선 과녁까지의 거리의 반을 가야 합니다. 그런데 거리의 반을 가려면 거리의 반의 반을 가야 합니다. 또 거리의 반의 반을 가려면 거리의 반의 반의 반을 가야 합니다. 또 거리의 반의 반의 반을 가려면 거리의 반의 반의 반의 반을 가야 하고…. 이런 식으로 거리가 무한으로 나뉘면 결국 화살은 움직이지 않는 것이 됩니다. 움직이는 것이 되려면 무한을 극복해야 하는데, 무한은 극복할 수 없는 것이기 때문입니다. 반의 반의 반의 반의…가 결코 끝나지 않는다는 뜻이지요.

제논이 이런 얘기를 거리의 철학자 디오게네스Laertios Diogenes에게 했다고 합니다. 그러자 디오게네스는 "그래, 움직임이 없다고? 난 걸어 다닐 수 있는데" 하더니 한 바퀴 돌았다고 합니다. 이를 본 제논이 이론적으로는 움직일 수 없다고 하자, 디오게네스는 "내가 움

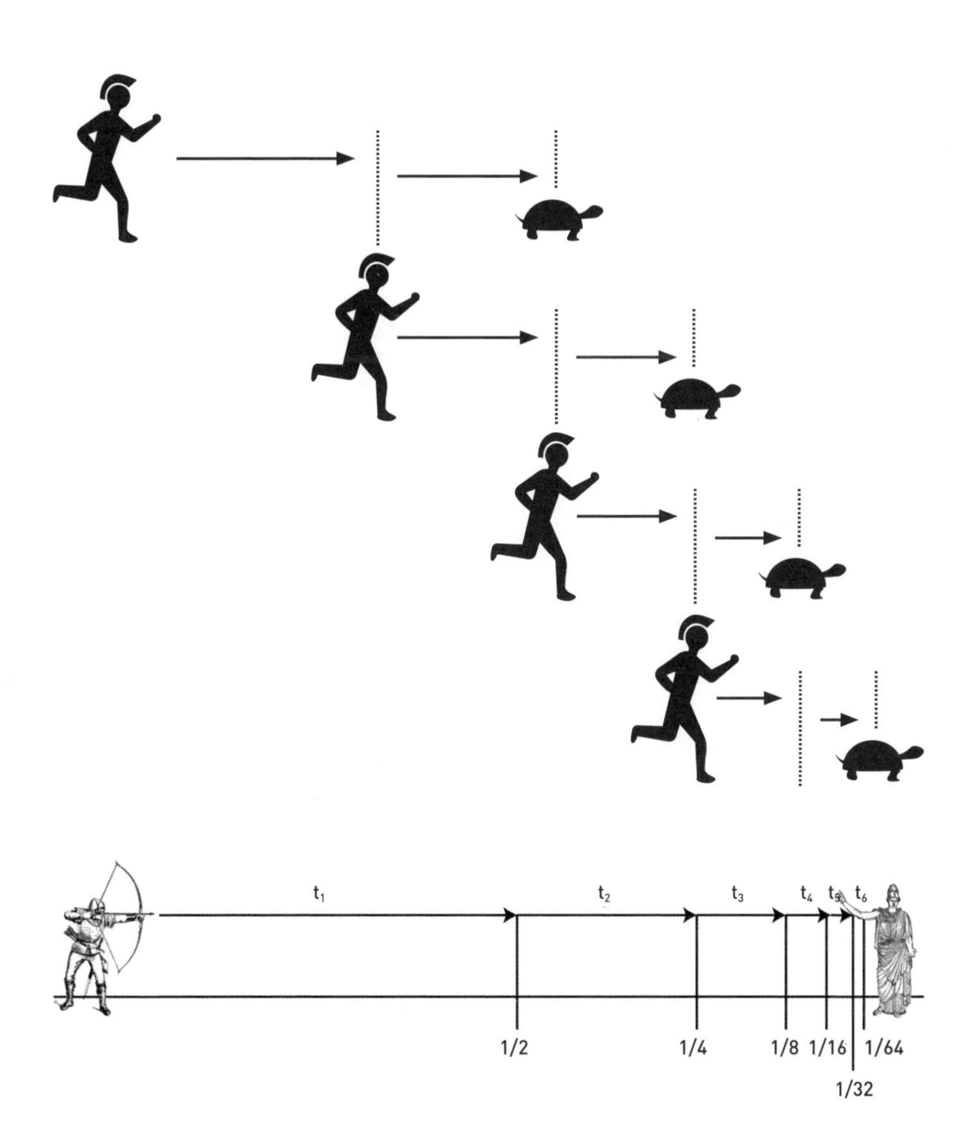
$t_1$
$t_2$
$t_3$
$t_4$
$t_5$
$t_6$
1/2
1/4
1/8
1/16
1/32
1/64

직였는데 무슨 소리냐?" 했다는군요. 디오게네스는 이래저래 재미있는 철학자입니다.

제논이 말하는 핵심 즉 무한의 문제는 수학의 미적분calculus과 관련된 문제이기도 합니다. 미적분의 기본 개념 중 하나는 리메스limes와 엡실론epsilon입니다. 무한으로 작은 오차(엡실론)만큼 무한으로 가깝게(리메스) 접근할 수 있다면 제논의 역설은 무의미해집니다. 물론 여전히 '무한'이라는 철학적 문제가 남아 있습니다. 무한은 말 그대로 무한인데, '무한 더하기 무한'도 무한이고 '무한 곱하기 무한'도 무한이며 '무한 빼기 무한'도 무한이니 말입니다. 19세기까지는 무한을 수학적으로 정의할 수 없는 개념으로 생각했던 이유입니다.

## 셀 수 있는 무한수와 셀 수 없는 무한수

이 문제를 푼 수학자가 나타났으니 바로 칸토어Georg Ferdinand Ludwing Philipp Cantor입니다. 칸토어는 19세기 말에서 20세기 초에 활동한 대단히 창의적인 수학자입니다. 이분은 집합 개념을 만들었을 뿐만 아니라 무한수학Mathematics of Infinity도 만들었습니다. 즉 무한을 수학적으로 정의할 수 있다는 것이 이분의 생각이었습니다.

무한의 핵심 중 하나는 1, 2, 3, 10 같은 자연수가 무한으로 이어져 있으며 하나씩 계속 더할 수 있다는 점입니다. 아무리 큰 자

게오르크 칸토어

연수라도 그것보다 더 큰 것이 있기에 계속 무한으로 갈 수 있다는 것이지요. 언뜻 생각하기에 짝수는 무한수의 중간중간에 들어가므로 무한수의 반일 것 같습니다. 홀수 역시 자연수의 반일 것 같습니다.

칸토어는 자연수, 짝수, 홀수가 모두 같다고 생각했습니다. 카디널리티cardinality, 즉 집합의 크기가 같다는 것입니다. 일대일 매칭할 수 있기 때문입니다. 예컨대 1은 2와 매칭되고 3은 4와 매칭되며 5는 6과 매칭되고…. 이런 식으로 서로 매칭하면 하나도 빠짐없이 셀 수 있게 됩니다. 말하자면 자연수, 홀수, 짝수… 모두 완벽하게 순서대로 셀 수 있는, 같은 크기의 무한이 된다는 것이지요. 이런 의미의 무한수를 칸토어는 '셀 수 있는 무한수'라고 불렀습니다.

그런데 무한수 중에는 셀 수 있는 무한수만이 아니라 셀 수 없는 무한수도 존재합니다. 수와 수 사이에는 무한의 다른 수가 있을 수 있기 때문이지요. 칸토어는 자신의 유명한 증명 방법인 대각선 논법diagonal argument을 이용하여 실수real number 같은 셀 수 없는 무한수가 존재한다는 것을 증명했습니다. 아래 그림은 유리수rational number와 자연수는 크기가 같지만, 실수와 자연수는 일대일 매칭이 불가능하다는 것을 보여줍니다.

고대 그리스어와 히브리어를 좋아했던 그는 셀 수 있는 무한수에는 $\aleph_0$ aleph zero라는 이름을, 또 셀 수 없는 무한수에는 $\aleph_1$ aleph one이라는 이름을 붙였습니다. 셀 수 없는 무한수가 $\aleph_1$인 것은 $\aleph_0$ 다음

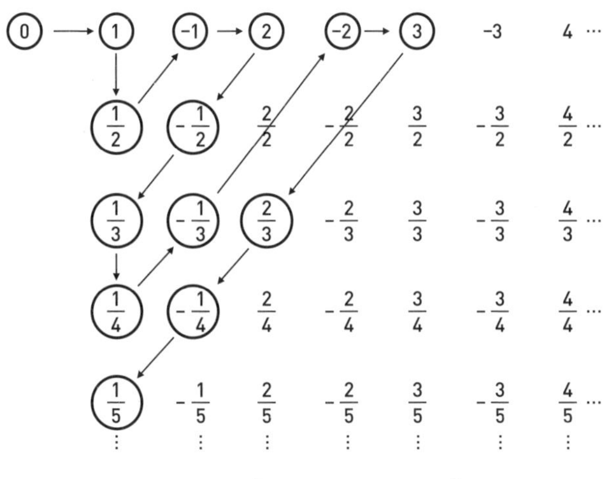

N　=$\{1, 2, 3, 4, 5, 6, 7, 8\cdots\}$
짝수=$\{2, 4, 6, 8, 10, 12, 14\cdots\}$
홀수=$\{1, 3, 5, 7, 9, 11, 13\cdots\}$

$8_1$ = 0 0 0 0 0 0 0 0 0 0 0 ···
$8_2$ = 1 1 1 1 1 1 1 1 1 1 1 ···
$8_3$ = 0 1 0 1 0 1 0 1 0 1 0 ···
$8_4$ = 1 0 1 0 1 0 1 0 1 0 1 ···
$8_5$ = 1 1 0 1 0 1 1 0 1 0 1 ···
$8_6$ = 0 0 1 1 0 1 1 0 1 1 0 ···
$8_7$ = 1 0 0 0 1 0 0 0 1 0 0 ···
$8_8$ = 0 0 1 1 0 0 1 1 0 0 1 ···
$8_9$ = 1 1 0 0 1 1 0 0 1 1 0 ···
$8_{10}$ = 1 1 0 1 1 1 0 0 1 0 1 ···
$8_{11}$ = 1 1 0 1 0 1 0 0 1 0 0 ···
⋮　⋮ ⋮ ⋮ ⋮ ⋮ ⋮ ⋮ ⋮ ⋮ ⋮ ⋮ ⋱

8 = 1 0 1 1 1 0 1 0 0 1 1 ···

R=$\{1, 1.01, 1.0001, 1.00\cdots\}$

의 무한수인 까닭입니다. 이밖에도 칸토어는 20세기 수학에서 가장 유명한 가설 중 하나인 연속체 가설Continuum hypothesis을 남기기도 했습니다. 연속체 가설이란 무한수들이 무한히 존재한다는 것입니다.

정리하면 무한수에는 적어도 셀 수 있는 무한수와 셀 수 없는 무한수가 존재하며, 그 뒤에도 많은 무한수가 존재한다는 것이 그의 생각이었습니다. 이렇게 평생 무한수만을 생각하던 칸토어는 끝내 정신병원에서 삶을 마쳤습니다. 이분뿐만 아니라 적지 않은 뛰어난 수학자들이 불행히도 정신병원에서 삶을 마칩니다. 이분이 정신병원에서 쓴 일기책을 보면 "셰익스피어의 진짜 인물은 프랜시스 베이컨이다, 알레프는 신이다" 등이 적혀 있다더군요.

다비트 힐베르트David Hilbert라는 유명한 독일 수학자가 있습니다. 논리와 수학으로 모든 문제를 해결할 수 있을 것이라고 믿었던 그는 추후 '힐베르트 프로그램'이라 불리게 될 거대한 계획을 제안합니다. 어떤 수학적 명제든 맞는지 틀리는지 완벽하게 증명할 수 있는 방법을 반드시 찾아야 한다고.

그리고 생애 마지막 10년을 나치의 억압 아래 살게 된 그는 자신 묘비에 이런 문장을 부탁합니다.

"우리는 꼭 알아야 하고 우리는 알 것이다WIR MÜSSEN WISSEN WIR WERDEN WISSEN."

다비트 힐베르트

힐베르트 프로그램을 가장 진지하게 시도했던 학자들이 있습니다. 바로 러셀과 화이트헤드Alfred North Whitehead입니다. 이분들이 함께 쓴 책이 바로 『수학의 원리Principia Mathematica』로 1994쪽에 이르는 대작입니다. 결국 수학의 기반은 논리이므로 논리를 기반으로 모든 수학을 재구성해보겠다는 것이 바로 『수학의 원리』입니다.

## 무한은 증명할 수 없는 문제다

수학의 원리를 제시하고자 힐베르트 프로그램을 만들려던 러셀과 화이트헤드의 시도는 성공했을까요? 아닙니다. 실패했습니다. 『수학의 원리』가 완성되고 인쇄에 들어간 즈음 오스트리아에서 무명의 20대 대학원생이 박사 논문을 하나 썼습니다. 괴델Kurt Gödel이라는 대학원생이 쓴 논문의 내용은 오늘날 '괴델의 불완전성 정리Gödel's incompleteness theorems'로 불립니다. 핵심은 이렇습니다.

"모순이 없는 공리계Axiomic System는 참이지만 참임을 증명할 수 없는 명제proposition가 존재하며, 또 그 공리계는 자신의 무모성을 증명할 수 없다."

이 세상에 아무리 완벽한 공리계를 만들더라도, 그 안에는 참이지만 증명할 수 없는 것이 존재하고 증명할 수 있지만 참이 아닌 것이 존재한다는 뜻입니다. 한마디로 완벽한 공리계 안에도 버그는 존재한다는 것이지요.

괴델은 재미있는 분입니다. 보통 역사상 최고의 논리학자로 아리스토텔레스, 라이프니츠Gottfried Wilhelm Leibniz, 괴델을 들곤 합니다. 괴델과 관련된 재미있는 일화가 많습니다. 바 댄서와 결혼한 뒤 1938년 오스트리아가 독일로 합병이 되자 미국으로 건너갔습니다. 프린스턴 대학에 자리를 잡고 나서는 아인슈타인과 친구가 되었습니다. 미국 시민권을 받아야 하는 괴델을 두고 친구들은 걱정을 했다고 합니다. 무엇이든 하기만 하면 완벽하게 논리적으로 하는 괴델의 성향 때문이었습니다. 시민권을 받기 위해 헌법을 논리적으로 분석하던 중 괴델은 아인슈타인에게 전화를 걸었습니다. 괴델이 말하기를 미국 헌법을 보니 이것으로 독재를 만들 수 있다, 미국도 독일 같은 독재 국가가 될 수 있으니 대통령에게 알려줘야 한다는 것이었습니다. 즉 미국 헌법에서 버그를 찾아냈다는 것이었지요.

그래서 다음날 시험장에 아인슈타인이 따라갔다고 합니다. 독일 악센트가 강한 영어로 미국 헌법에 버그가 있다는 말을 하면 시험에 떨어질 것이 뻔했으니까요. 시험장에서 판사가 질문할 때 아인슈타인이 괴델 대신 답했다고 전해집니다. "그는 미국에 없어서는 안 되는 훌륭한 과학자이고" 등등 말이지요. 처음 이 이야기를 들었을 때는 저도 그냥 괴짜 과학자의 우스꽝스러운 이야기로만 기억했습니다. 하지만 도널드 트럼프가 미국 대통령으로 당선된 이 시대. 괴델이 걱정했던 문제, 고로 미국이라는 가장 오래된 민주주의

아인슈타인과 괴델

국가 역시 독재의 길을 갈 수도 있다는 걱정을 해야 할 것 같습니다.

괴델 역시 말년에는 정신분열증이 생겨 누군가 자신을 암살하려 한다며 두려움에 떨었다고 합니다. 우주의 가장 큰 존재가 자신이 우주의 비밀을 알아내는 게 싫어서 자신을 죽이려 한다는 것이었지요. 그러다 몇 달 동안 음식을 입에 대지 않은 끝에 굶어 죽었다고 합니다.

괴델 다음 세대로 유명한 과학자는 바로 앨런 튜링입니다. 튜링은 프린스턴 대학에 있을 때 역시 같은 대학에 있던 괴델과 많은 대화를 나누며 자신의 논리적 사고를 가다듬었습니다. 그는 논리를 자동화할 수 있는 기계를 설계했는데 그것이 바로 튜링 기계입니다. 튜링 기계는 수학적 연산을 수행하고 방정식을 풀 수 있는 만능 기계로, 현대 컴퓨터의 이론적 원형으로 볼 수 있습니다. 사실 튜링 기계는 힐베르트 프로그램에 답하는 기계입니다. 이 기계 속에 새로운 명제를 집어넣을 때 답이 나오면 맞고true 답이 안 나오면 틀린다false는 점에서 그러합니다.

특이한 것은 튜링 기계에는 보편적 튜링 기계라는 것이 있어서 이것으로 모든 튜링 기계를 시뮬레이션할 수 있다는 점입니다. 덕분에 오늘날 우리가 사용하는 모든 컴퓨터는 사실상 튜링 기계로 볼 수 있습니다. 잘 아시겠지만 컴퓨터의 원래 이름은 다름 아닌 튜링 기계였습니다. 애플 컴퓨터로 윈도즈를 에뮬레이션emulation(한 컴퓨터를 다른 컴퓨터와 동일하게 작동시키기 위해 소프트웨어나 마이크로프로그램 작성을 사용하는 기법)할 수 있는 것은 둘 다 같은 튜링 기계이기 때문입니다. 시뮬레이션할 수 있다는 점에서 그러하지요.

인공지능에서 가장 큰 질문은 뇌가 튜링 기계인가 하는 것입니다. 뇌가 튜링 기계라면 이론적으로 다른 컴퓨터로 시뮬레이션할 수 있습니다. 인공지능이 가능하다는 뜻입니다. 반대로 뇌가 튜링 기계가 아니라면 다른 컴퓨터로 시뮬레이션할 수 없습니다. 이럴 경우 지능은 사람만 가지는 것이 됩니다. 이 지점에서 삶과 죽음이란 무엇인지, 사람만이 생각할 수 있는 존재인지 같은 질문으로 되돌아옵니다. 이것은 고대 그리스에서 시작해서 컴퓨터와 인공지능까지 오는 동안 변함없이 이어진 질문입니다.

# 03

## 나를 바꾸는 방법은 있는가

## 뇌 속을 읽고 자아를 이식하다

지금까지의 삶을 한번 뒤돌아보시기 바랍니다. 많은 장면들이 슬라이드 화면처럼 지나갈 것입니다. 핵심은 특별하게 살아온 것 같으면서도 예측 가능한 삶을 살아왔다는 것입니다. 그리고 역시 예측 가능하게 우리는 모두 언젠가는 사라져 없어질 것입니다. 이렇게 예측 가능한 삶을 우리는 왜 지금까지 살아왔을까요? 그리고 역시 예측 가능한 미래를 왜 살아야 할까요?

### 두려운 것은 나라는 존재의 소멸이다

앞서 말씀드렸듯이 우주적인 차원에서 우리는 죽음을 두려워할 이유가 하나도 없습니다. 죽음이란 우리가 태어나기 전과 똑같은 상태로, 우리가 살아가는 시간보다 훨씬 자연적인 상태이기 때문입니다. 즉 우리가 태어나기 전과 죽은 후의 우주는 똑같다는 얘기입니다. 더구나 유전적으로나 진화론적으로 볼 때 우리는 죽지 않습니다. 나의 유전자가 성공하기만 한다면 계속 존재할 수 있기 때문이지요.

그런데도 무엇을 두려워하는 것일까요? 사실 우리가 두려워하는 것은 나라는 존재가 사라지는 것입니다. 우주가 있든 없든 나라는 존재가 없으면 그것을 느낄 수가 없습니다. 유전자가 살아남든 안 남든 나라는 자아가 없으면 어차피 무의미하다는 생각 때문에 두려워하는 것입니다.

어떤 이들은 나라는 존재가 사라지는 것이 싫어 슈퍼에고super ego에 가입하려 합니다. 종교, 정치적인 당, 또는 축구 클럽 등등. 나는 사라져도 단체는 영원히 존재할 테니까요. 이것은 나치가 대중을 선동하는 방법이기도 했습니다. 나라는 개인은 70~80년밖에 못 살지만 제국은 1000년을 산다는 것이었지요. 이런 식으로 나치는 자신에게 가입하면 제국의 일원이 되어 개인 역시 영원히 살 수 있을 것 같은 착시를 만들었습니다. 물론 이는 제가 보기에 적절한 방법은 아닌 것 같습니다.

우리가 진정 원하는 것은 슈퍼에고가 아니라 나라는 존재가 영원했으면 좋겠다는 것입니다. 마야콥스키가 쓴 것처럼 '나나나…나'였으면 좋겠다는 것이지요. 그렇다면 어떻게 하면 될까요? 〈존 말코비치 되기Being John Malkovich〉(1999)라는 흥미로운 영화가 있습니다. 이 영화는 영원히 살 수 있는 시대를 그리고 있습니다. 방법은 이렇습니다. 다른 사람의 머릿속으로 들어가 그 사람의 자아 속에 숨어 사는 것입니다.

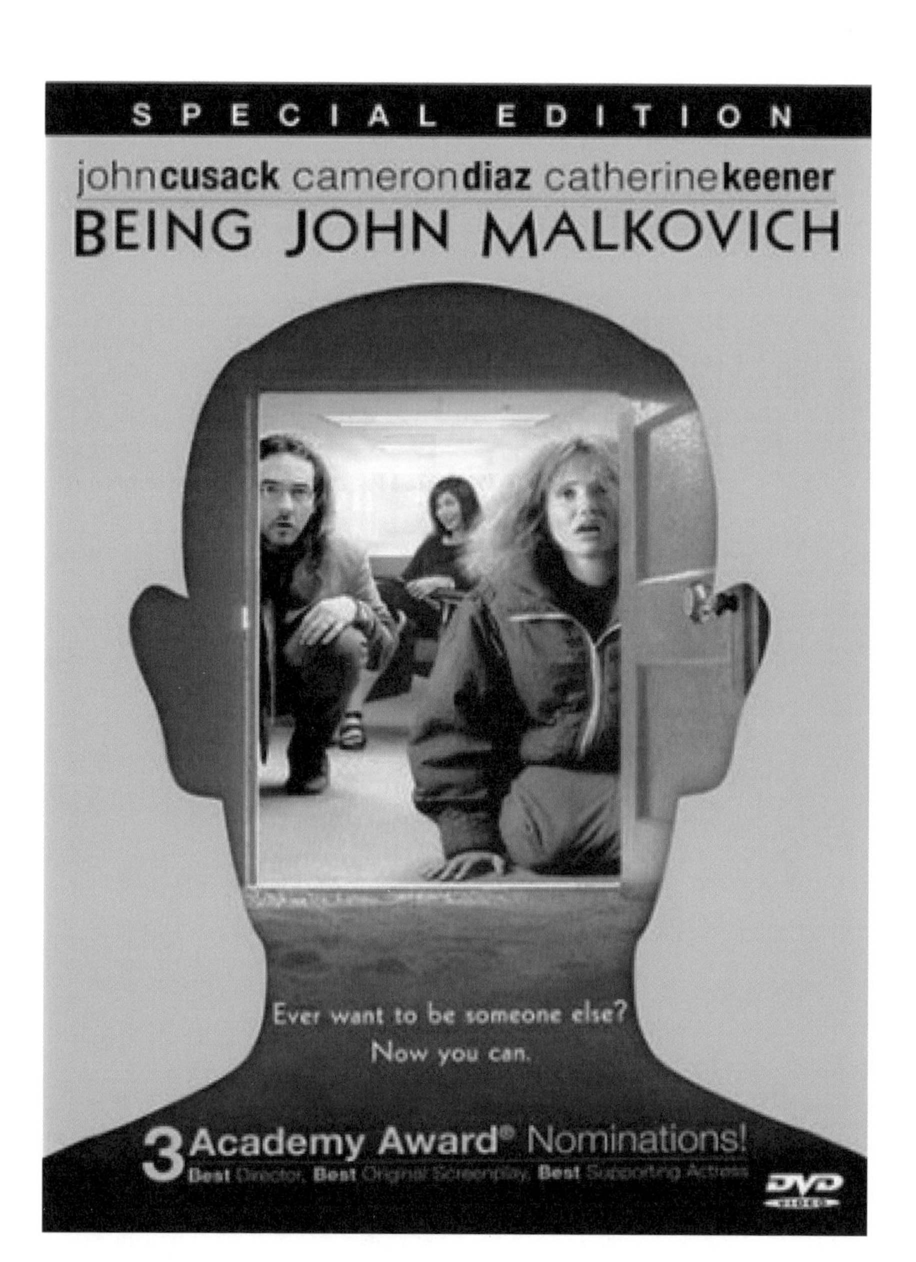
SPECIAL EDITION
johncusack camerondiaz catherinekeener
BEING JOHN MALKOVICH
Ever want to be someone else?
Now you can.
3 Academy Award® Nominations!
DVD

이 영화에서는 특이하게도 주인공인 존 말코비치를 실제 영화 배우인 존 말코비치가 연기하고 있습니다. 주인공 말코비치는 어느 날 자신의 머릿속에 다른 사람들이 살고 있는 것을 알게 됩니다. 불쾌한 나머지 그러한 경로를 제공한 회사로 찾아간 그는 왜 내 머릿속에 다른 사람이 들어오느냐며 따지다 자신이 자신의 머릿속에 들어가게 됩니다. 존 말코비치가 존 말코비치의 머릿속에 들어가 존 말코비치라는 자아가 세상을 보고 느끼는 것을 똑같이 보고 느끼게 된다는 것입니다. 한마디로 자신이 세상을 보는 것을 본다는 것이지요.

여기서 질문을 하나 해볼 수 있습니다.

"쿼바디스 호모 사피엔스?Quo vadis Homo sapiens?"

과연 호모 사피엔스, 우리는 어디로 가고 있는 것일까요? 우리 인류는 진화 과정을 거치며 세상의 모든 것을 바꿔왔습니다.

여기서 한 걸음 더 가보겠습니다. 지금까지 세상을 바꿔온 것처럼 우리 자신도 바꿀 수 있지 않을까요? 기술로 세상을 바꾸며 여기까지 왔는데, 동물에서 유튜브까지 힘들여 진화해왔는데, 이제는 우리 자신도 바꿀 수 있지 않을까요? 이렇게 말할 수도 있을 것 같습니다. 지금까지의 힐베르트 프로그램이 진실을 알아내는 것이었다면, 21세기 힐베르트 프로그램은 나 자신을 바꾸는 것이라고. 여기에 하나 더 덧붙이면 나라는 자아, 나라는 존재를 영원하게 만들 수 있다면 우주의 진실을 알 수도 있지 않을까라는 것입니다. 이렇게 볼 때 힐베르트 프로그램의 답은 결국 '나'임을 알 수 있습니다.

### 브레인 리딩, 뇌의 인지적 사전으로 생각을 읽다

그렇다면 어떻게 해야 나를 바꿀 수 있을까요? 이제 '브레인 리딩Brain Reading'과 '브레인 라이팅Brain Writing'에 관해 말씀드릴까 합니다. 지난 2015년 여름은 국정원의 휴대폰과 SNS 사찰 문제로 시끄러웠습니다. 과학이 발전할수록 개인의 프라이버시 문제는 한층 심각한 문제가 되고 있습니다. 만약 누군가 내 생각을 읽고 심지어 새로운 생각을 심을 수도 있다면 어떨까요? 뇌 신경세포의 시공간적 활성 패턴을 읽어 그 사람의 생각을 알아내거나 뇌 패턴을 심어 새로운 기억을 이식하는 실험은 초보적인 수준이기는 하나 이미 첫발을 내디딘 상태입니다.

앞서 큰 전쟁이 있을 때마다 뇌과학이 발전했다는 말씀을 드린 바 있습니다. 다행히도 현대 뇌과학에서는 3차 세계대전이 일어나지 않아도 뇌의 비밀을 알아내는 데 지장이 없습니다. 기능적 자기공명영상법fMRI이라는 좋은 도구가 있어 뇌를 직접 촬영할 수 있기 때문이지요. 무언가를 보여주거나 생각을 하게 만들어 어느 부위의 신경세포들이 가장 많이 활동하는지 찾아낼 수 있게 된 것은

20년 전의 일입니다.

이를테면 피험자에게 사과와 책상이라는 두 단어를 들려줍니다. 그러면 뇌에서는 오른쪽 그림과 같은 패턴을 관찰할 수 있습니다. 그냥 눈으로 보면 비슷한 것 같기도 하고 조금 다른 것 같기도 합니다. 다행히도 요즘은 기계 학습 같은 좋은 통계학적 방법으로 쉽게 실험할 수 있습니다. 뇌에 사과, 바나나, 책상, 의자 등의 수십 가지 사물을 보여주면 매번 이런 패턴을 얻을 수 있습니다.

그다음에는 컴퓨터 프로그래머에게 비슷한 패턴끼리 통계학적으로 모아보라고 합니다. 그 결과를 보면 무작위가 아니라 무엇인가 구조가 있습니다. 움직이는 것, 즉 살아 있는 물체를 보았을 때 뇌의 패턴은 서로 비슷합니다. 그중에서도 동물보다 사람을 볼 때 비슷한 패턴이 나옵니다. 사람 얼굴 중에서도 여자 얼굴을 볼 때 특히 그러합니다. 원숭이를 대상으로 한 실험에서도 거의 동일한 결과가 나왔습니다.

여기서 두 가지를 배울 수 있습니다. 원숭이에게 직접 물어 확인할 수는 없지만, 원숭이의 눈에도 세상이 인간이 보는 것과 꽤 비슷하게 보이겠다는 가설을 세워볼 수 있습니다. 더 중요한 것은 인지적인 사전을 하나 얻었다는 점입니다. 뒤이은 실험에서는 실험하는 사람조차 피험자가 무엇을 보는지 모르는 상태에서 무엇인가를 보여주었습니다. 뇌에서 패턴을 얻으면 이것이 매트릭스에서 통계적으로 무엇과 가장 비슷했는지를 보는 것입니다. 이 결과를

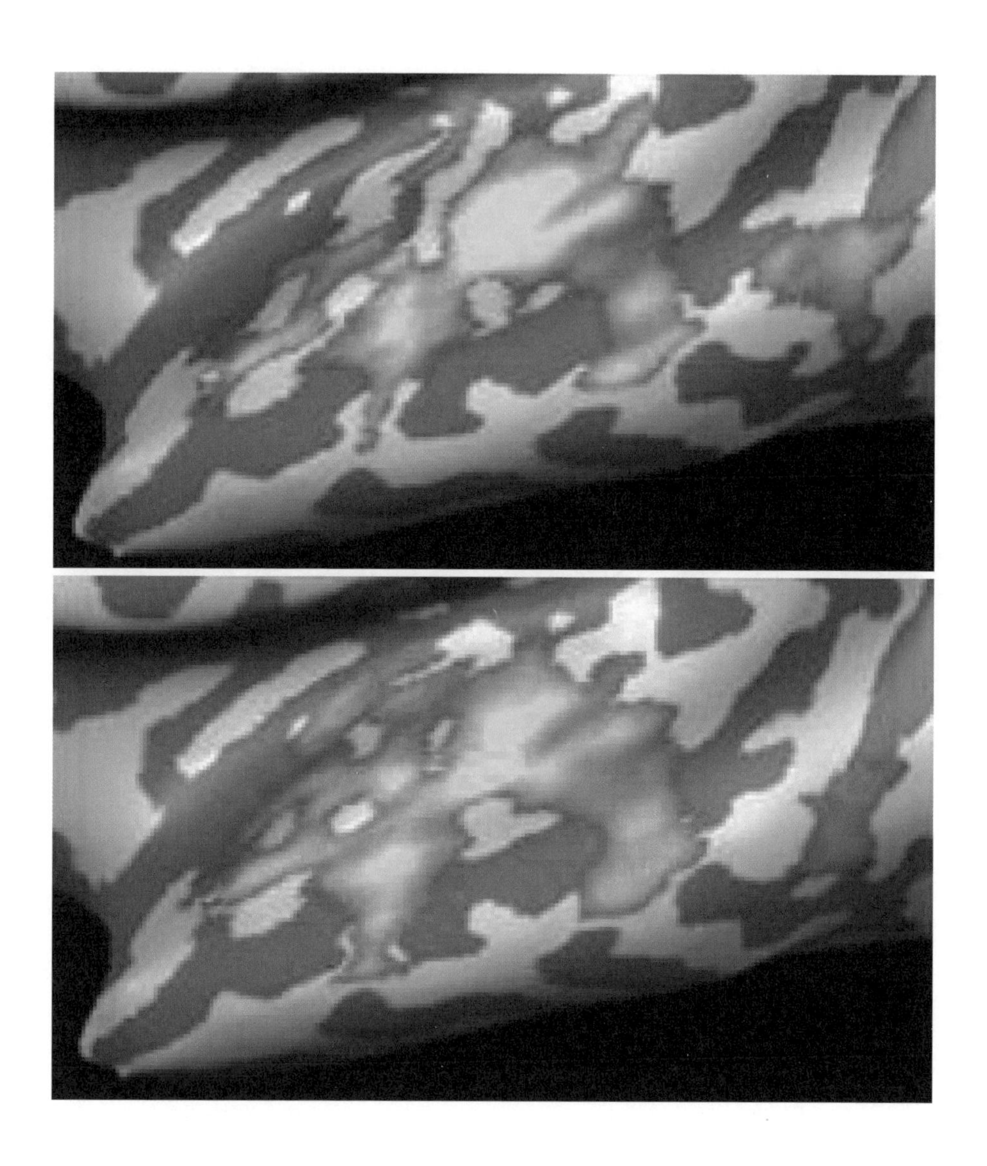

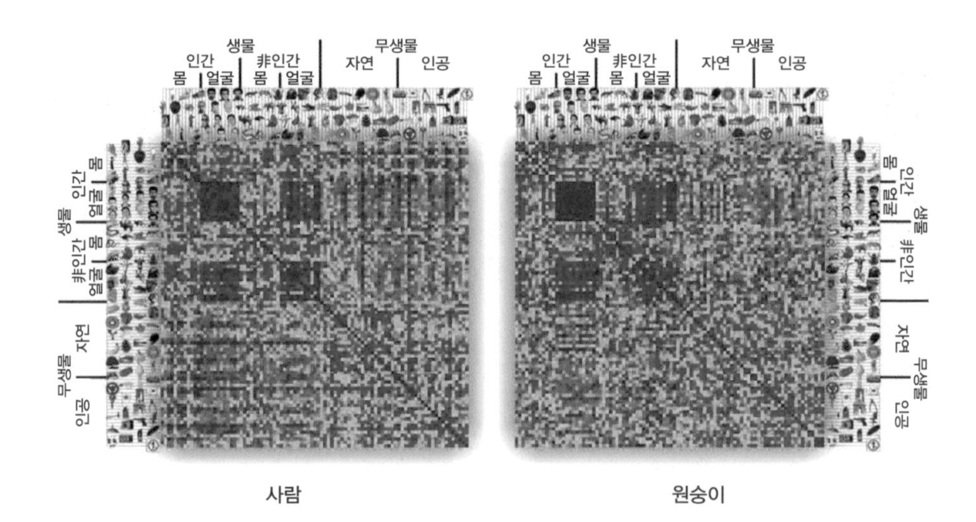
생물
인간
非인간
몸
얼굴
몸
얼굴
무생물
자연
인공
사람
원숭이

갖고 다양한 추론을 해볼 수 있습니다. 이를테면 빨간 사과를 보여주면 70~80퍼센트는 맞습니다. 뇌를 읽을 수 있다는 의미에서 이런 방법을 브레인 리딩이라 합니다.

다음은 일본에서 실시했던 실험입니다. 피험자를 MRI에 넣고 가위 바위 보를 시킵니다. 가위 바위 보를 할 때마다 뇌에서는 다른 패턴이 나타납니다. 충분히 구별할 수 있을 정도의 패턴입니다. 재미있게도 가위 바위 보를 할 때만 다른 패턴이 나타나는 것이 아니라, 가위 바위 보를 하는 상상만 해도 다른 패턴이 나타납니다. 이것 역시 구별 가능한 수준이라고 합니다. 이런 식으로 상상하는 가위 바위 보 패턴을 통해, 기계 학습적으로 로봇 손이 대신 가위나 바위나 보 중 하나를 내는 것이지요.

브라운 대학에서 연구한 환자의 사례도 있습니다. 이 사람은 10년 전에 교통사고가 나서 전신이 마비되었습니다. 10년 동안 머리는 멀쩡해서 자신의 의지로 계속 명령을 내리는데도 팔 하나 움직이지 못합니다. 보통 사람들로서는 이해하기 어렵습니다. 팔을 들겠다는 생각을 하면 자연스럽게 팔이 들리니까요. 이런 현상을 느낄 수 있는 것은 가위에 눌릴 때뿐일 것입니다. 가위 눌림이란 정신은 있고 명령을 보내는데 몸은 말을 듣지 않는 상태를 말합니다. 이 환자는 10년쯤 가위 눌린 상태로 지내왔다고 상상하면 될

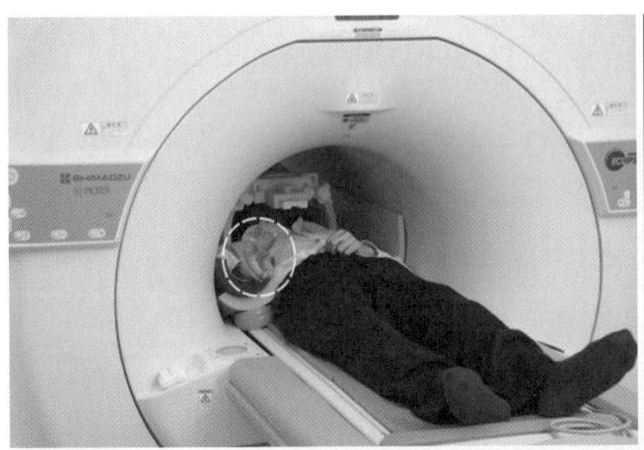
SHIMADZU

것입니다.

이 사람이 팔을 들겠다는 상상을 하면 뇌에서 패턴이 나와 그것을 장치를 통해 읽습니다. 옆에 있는 컴퓨터는 기계 학습을 통해서 그 패턴을 실시간으로 분석을 한 다음, 위의 사례에서 로봇 팔이 바위를 대신 내주었던 것처럼 대신 팔을 들어 올립니다. 아직은 실행 속도가 느리고 동작도 정교하지 못해 왔다 갔다만 합니다. 그렇지만 어쨌든 10년 만에 자신이 원해서, 자신의 의도로 행동을 해서 인과 관계적인 꼬리를 물 수 있게 된 것입니다. 우리에게는 답답해 보이겠지만 이 사람에게는 분명 엄청난 진전입니다. 자신이 원해서 무엇인가를 했으니까요.

### 광유전학, 타인의 행동을 제어하는 기술

지금까지 브레인 리딩에 관한 실험과 연구를 살펴보았습니다. 그렇다면 반대로 내가 원하는 정보를 거꾸로 뇌에다 집어넣을 수는 없을까요? 우선 책을 읽는 방법이 있습니다. 그런데 책을 읽기 싫다면? 누군가 머릿속에 정보를 직접 집어넣어주는 것은 어떨까요? 여기에는 두 가지 방법이 있습니다. 첫째, 이론적으로 신경세포는 전기 자극을 통해 정보를 전달하니 세포들을 직접 자극하면 될 것 같습니다.

하지만 몇 가지 문제가 있습니다. 신경세포들을 직접 자극하려면 수술을 해야 할 텐데, 멀쩡한 사람에게 뇌수술을 하는 것은 논란이 될 수 있습니다. 물론 세포의 수가 엄청나게 많다는 점도 문제입니다. 게다가 우리는 여전히 세포의 언어를 이해하지 못한 상태입니다. 신경세포에 어떻게 자극을 주어야 하는지 아직 모른다는 것이지요.

병원에서는 경두개 자기자극TMS, Transcranial Magnetic Stimulation라는 방법을 사용합니다. TMS라는 장비로 머리에 강한 자기장을 쏘아 신경세포들을 일시적으로 껐다 켰다 할 수 있는 방법입니다.

신경세포들을 끄면 어떻게 될까요? 뇌의 언어 영역에 TMS를 갖다 댄 상태에서 피험자로 하여금 "하나, 둘, 셋" 말을 하도록 합니다. 그런 다음에 장치를 딱 켜면 피험자는 분명 말을 하고 싶은데 말을 입 밖으로 꺼내지 못합니다. "하나, 두, 으, 으, 으"라고만 할 뿐 말이 나오지 않습니다. 느낌이 아주 고약합니다.

말하자면 눈을 뜬 상태로 가위에 눌린 것처럼 몸을 꼼짝 못 하고 말도 나오지 않는 것이지요. 이번에는 '2 더하기 3'이 얼마인지 계산을 하도록 합니다. 그런 다음 TMS 장치를 딱 켜면 갑자기 계산이 되지 않습니다. "2 더하기 3은 얼마인가요?" 하고 물어봐도 마찬가지입니다. 다시 장치를 끄면 "5 아니었어요?" 하고 답하는 식입니다.

전기 자극을 사용해 뇌에 정보를 투입하는 과정에서는 본질적인

문제가 하나 더 발생합니다. 뇌에는 엄청나게 많은 세포들이 있고 세포들은 서로 연결되어 있습니다. 여기에 전기 자극을 주면 어떤 일이 벌어질까요? 당연히 모든 세포들이 반응할 것입니다. 서로 다 연결되어 있으니 전기 자극이 전체로 확산되어버립니다. 이를 브레인 라이팅이라 할 수는 없습니다.

라이팅, 즉 글을 쓴다는 것은 하얀 종이의 99퍼센트에 해당하는 면적은 하얗게 두고 1퍼센트만 까맣게 또는 파랗게, 빨갛게 바꾸는 것입니다. 하얀 배경과 글자 색의 대조·차이가 있어야 정보를 입력할 수 있다는 뜻입니다. 그런데 모든 세포가 반응한다는 것은 뇌 전체를 까맣게 먹칠하는 것과 다름없습니다. 즉 뇌를 켤 수는 있지만 정보 입력은 할 수 없다는 것이지요.

우리가 바라는 것은 뇌 전체를 켜는 것이 아니라 원하는 세포만 켜고 다른 세포는 켜지 않는 방법입니다. 이를테면 '1, 1, 1, 1, 1'이 아니라 '1, 0, 0, 0, 1'이라는 것입니다. 이를 위해 뇌과학 분야에서는 오랫동안 연구가 있어왔습니다.

다행히도 몇 해 전 스탠퍼드 대학의 칼 다이서로스Karl Deisseroth 교수 연구진과 독일 연구진이 광유전학Optogenetics이라는 방법을 찾아냈습니다. 원리는 이렇습니다. 신경세포 2개가 있습니다. 우리는 세포 1은 켜고 세포 2는 켜지지 않도록 하려 합니다. 우리가 원하는 것은 말하자면 '1, 0'입니다. 그런데 전기 자극을 주면 두 세포 모두 자극을 받아서 '1, 1'이 돼버립니다. 즉 아무것도 입력할 수가 없게 됩니다.

반면 광유전학적 방법에서는 우리가 원하는 세포만 유전자 조작을 합니다. 이 유전자 조작은 세포의 핵을 건드리는 것이 아니므로 본질적으로 사람에게도 적용 가능할 듯합니다.

유전자 조작을 하면 특정 세포들이 전기에만 반응을 보일 뿐 아니라 특정 파장의 빛에 반응하도록 만들 수 있습니다. 예를 들어 광유전학 실험에서는 파란 빛을 쪼였더니 위쪽 세포만 자극을 받고 아래쪽 세포는 가만히 있었습니다. 드디어 '1, 0'을 집어넣을 수 있게 된 것입니다.

## 자아 이식으로 영생을 꿈꾸다

지금까지 여러 실험과 연구들을 살펴보았습니다. 뇌과학이 이런 식으로 발전한다면 20~30년 뒤에는 상상만으로 물체나 사람을 제어할 수도 있고, 의지와 상관없이 누군가가 내 생각 속으로 들어올 수도 있습니다. 타인이 경험한 것을 뇌에서 읽어 나의 뇌에다 심어 놓을 수도 있습니다.

지금은 SF 소설 같은 상상에 지나지 않습니다. 이런 얘기를 하면 말도 안 된다는 사람들이 많습니다. 나와 타인은 엄연히 다른 존재이므로, 타인의 경험을 내 머릿속에 심어봤자 나만의 고유한 경험이 될 수 없다는 것이지요. 충분히 일리 있습니다. 다만 뇌과학자인 제가 말씀드리고 싶은 것은, 나라는 존재는 뇌에서 만들어지므로 뇌의 정보를 읽어(브레인 리딩) 다른 뇌로 심어주면(브레인 라이팅) 계속 존재할 수 있다는 가설이 가능하다는 것입니다.

〈이터널 선샤인Eternal Sunshine of the Spotless Mind〉(2004)이라는 재미있는 영화가 있습니다. 주인공 짐 캐리는 불행한 사랑의 기억을 지우고 싶어 합니다. 그래서 기억을 지우는 회사로 가 사랑하는 여자에 관한 기억만 지워버립니다. 물론 이후에도 같은 여자를 만나 사랑에 빠지기는 합니다. 이 영화는 기억이란 무엇인가에 관한 질문을 던지고 있습니다. 기억이 사라지면 기억 속 경험도 사라지는지, 아니면 경험의 주체가 같기에 기억 속 경험도 여전히 남아 있는지 질문하고 있습니다.

비슷하게 기억의 문제를 다룬 영화로 〈토탈 리콜Total Recall〉(1990)이 있습니다. 이 영화에 나오는 미래 시대에는 라이팅 기술이 발달해서 머릿속으로 원하는 기억을 써넣을 수 있다고 합니다. '토탈 리콜'은 기억를 판매하는 회사 이름으로 고객이 돈만 내면 원하는 기억을 써넣어줍니다. 가령 마추픽추를 가지 않아도 갔다는 기억만 넣어주면 고객은 진짜 마추픽추에 와 있는 것처럼 행복해합니다. 실제 경험도 어차피 기억으로 남는 것이니 실제로 경험을 하든 안 하든 기억만 있으면 된다는 것이지요.

예를 들어 화성에 가서 등산을 하고 싶은데 계단을 못 올라가면 계단을 올라가는 기억만 머릿속에 집어넣어주면 됩니다. 그러면

실제 등산을 하고 있는 것처럼 느낄 수 있습니다. 몸을 움직이는 것보다 기억만 심어주는 것이 훨씬 효율적일 수 있다는 것이지요.

이미 동물을 대상으로 하는 광유전학 실험은 많이 이루어지고 있습니다. 2014년 MIT의 도네가와 스스무利根川進 교수는 인류 역사상 처음으로 왜곡된 기억을 심는 실험을 했습니다. 광유전학적으로 조작한 쥐를 'A'방에 집어넣고, 그냥 물을 마시거나 뛰어다니는 일상적인 경험을 하게 둡니다. 앞서 말했듯이 경험은 해마에서 기억으로 만들어지고, 모든 정보는 패턴으로 만들어집니다. 그러니까 이 쥐의 해마에서는 이 방에 대한 특정 패턴이 나올 것입니다.

연구진은 브레인 리딩으로 'A'방에서 얻은 패턴을 읽어내 컴퓨터에 저장해놓았습니다. 그다음 쥐를 끄집어내 'B'방에 집어넣었습니다. 여기에서는 큰소리를 들려주거나 약한 전기 충격을 주는 식으로 안 좋은 경험을 하게 했습니다. 이때 스트레스를 받은 쥐의 해마에서는 'B'방은 안 좋다는 정보가 패턴으로 만들어질 것입니다. 그 순간 광유전학적으로 'A'방에서 얻은 패턴으로 덮어씌웁니다. 그리고 얼마 후 쥐를 'A'방에 집어넣었습니다. 'A'방에 들어간 쥐는 스트레스 증상을 보입니다. 마치 스트레스를 받은 방이 'B'방이 아닌 'A'방이었다고 착각하듯 말입니다.

이보다 더 진전한 실험이 2015년 12월에 있었습니다. 쥐 뇌에서 목마름을 느끼는 영역을 광유전자로 자극을 가합니다. 그러면 그

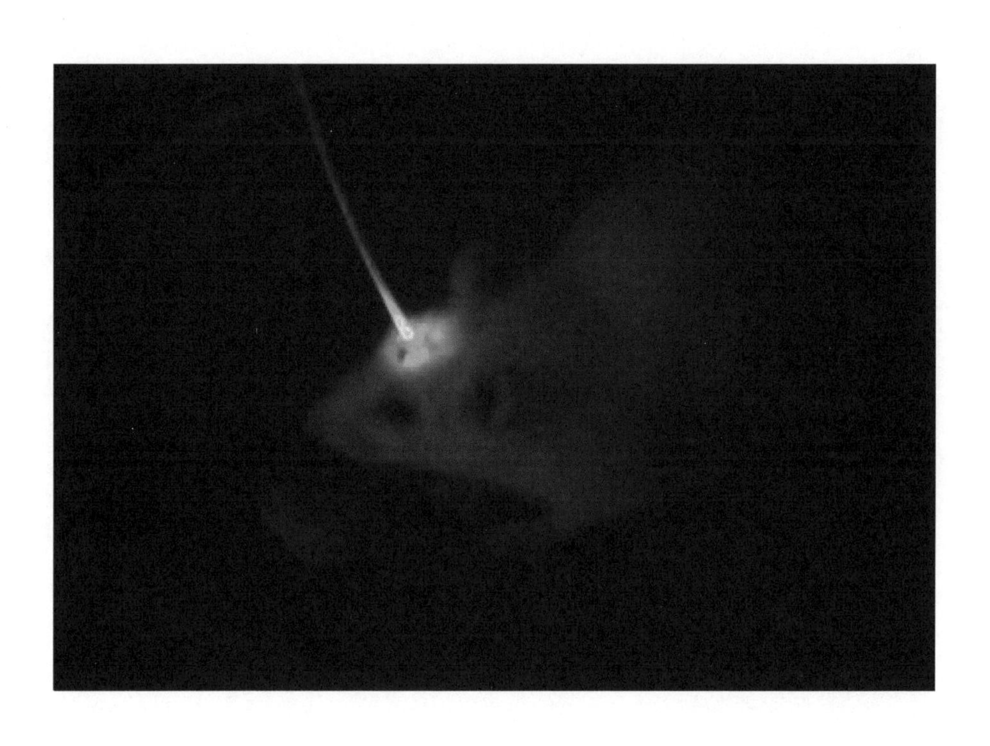

영역이 자극을 받아 쥐는 갑자기 목마름을 느낍니다. 이렇게 빛에 쏘이면 쥐는 목마름을 느끼다가도, 빛이 꺼지면 느끼지 않습니다. 물을 마시다가도 바로 돌아서는 것이지요. 그러다 빛에 쏘이면 다시 목마름을 느껴 물을 마시고 또 빛이 꺼지면 또다시 돌아서고….

이런 식으로 쥐가 물질적으로 더 이상 마시지 못할 때까지 쥐의 뇌를 조작할 수 있습니다. 만약 쥐에게도 자아란 것이 있다면 자신에게 자유 의지가 있어 물을 마시거나 안 마시거나 한다고 생각할 것입니다. 즉 '내가 원해서 물을 마셨다, 고로 나는 존재한다'고 생각할 것입니다. 하지만 이것은 광유전술로 뇌를 조작한 것이지 결코 자유 의지가 아닙니다. 독립적인 자아를 가지고 자유 의지로 행한 행동이 아니라는 뜻입니다.

현재는 이 단계까지 브레인 라이팅 기술이 적용·실험되고 있습니다. 앞으로 어느 단계까지 브레인 라이팅 기술이 발전해갈지 아무도 알지 못합니다. 과연 뇌 속 정보의 이식, 나아가 자아의 이식은 어느 정도로 가능할까요? 저로서도 무척 궁금한 사안입니다.

# 04

## 우리는 영원히 살 수 있는가

## 현실과 가상의 경계가 무너지다

인공지능의 발달로 가상현실 또는 증강현실이라는 세상이 다가오고 있습니다. 가상의 이미지가 현실처럼 눈앞에 펼쳐지고 있습니다. 멀리 떨어진 사람은 물론 죽은 사람과도 상호 작용할 수 있는 시대가 오고 있는 것이지요. 가상현실 또는 증강현실에 비친 우리의 모습은 어떨까요? 그 모습이 우리가 진정 원하던 모습일까요?

## 몸은 사라져도 정신이 불멸한다면

많은 미래학자들은 기술 발달로 머지않아 죽음의 죽음이 도래할 것이라고 합니다. 죽고 싶은 사람은 아무도 없겠지만 죽음은 피할 수 없기에, 길가메시의 교훈처럼 살며 운명을 인정할 수밖에 없지요.

그런데 한번 상상해보겠습니다. 나는 지금 억만장자입니다. 이런 내게 누군가 1000억 원을 투자하면 몸은 마비되겠지만 영원히 살 수 있다고 한다면 어떨까요? 예컨대 머리 이식이 가능하다고 한다면? 몸의 마비는 피할 수 없겠지만, 세상을 계속 바라볼 수 있다면 저는 머리 이식을 할 것 같습니다. 50년마다 새로운 몸을 구해 머리만 계속 그쪽으로 옮기는 것이지요. 이러한 반영구적인 삶은 충분히 가능하며 오래지 않아 현실화될 것으로 보입니다.

그렇다면 머리를 이식할 때 정신 또는 의식, 퀄리어 등도 옮겨가는 것일까요? 앞서 설명했듯 머릿속 생각을 기계 학습으로 패턴화해 기계가 대신 말하거나 생각하는 것은 지금도 충분히 상상할 수 있습니다. SF 소설 같은 얘기에 그칠 수도 있겠지만, 수백 년 뒤 뇌와 거의 비슷한 복잡도를 지닌 컴퓨터가 나온다면 불멸의 삶은 또 다른 차원으로 넘어갈 수도 있습니다. 뇌 역시 신체의 한 기관이기에 망가질 수도 있고 시간이 흐르며 늙어갈 것입니다.

그런데 우리가 계속 유지하고 싶은 것은 뇌 자체일까요? 어쩌면 그보다는 의식 또는 퀄리어, 즉 뇌 안의 정보가 아닐까요? 마치 컴퓨터에서 하드디스크보다 그 안의 문서 파일이 더 중요한 것처럼 말이지요. 그렇다면 뇌 안 정보만 계속 복사할 수 있다면, 나라는 존재 역시 계속 복사할 수 있다는 결론이 나옵니다. 이것은 바로 미래학자 레이먼드 커즈와일Raymond Kurzweil의 주장이기도 합니다.

커즈와일은 자아를 새로운 시스템으로 끊임없이 업그레이드하면 영원히 살 수 있다는 꿈을 꾸며 연구에 매진하고 있습니다. 그에 따르면 머리를 이식하든 뇌 속 정보를 복사하든 언젠가는 우리가 영원히 살 수 있다고 합니다. 여기서 영원히 산다는 것은 몸이 사라져도 '나'라는 존재는 영원히 지속된다는 의미입니다.

## 인공지능의 시대는 도래하는가

과연 나의 몸은 나의 존재와는 아무 관계가 없는 것일까요? 영원한 삶을 이야기할 때 우리는 몸을 언급하지는 않습니다. 저는 2주에 한 번 손톱을 자르고, 한 달에 한 번 머리카락을 자릅니다. 손톱도 머리카락도 제 몸의 일부지만 아쉬워하거나 슬퍼하지는 않으며, 이는 큰 문제가 되지 않습니다. 중요한 것은 나라는 사람이 없어지는 것이고, 우리는 그것을 두려워하는 것입니다. 현대 과학에서는 숨이 끊어지고 뇌가 죽어서 뇌에 산소가 공급되지 않고 5~6분이 지나면, 나라는 존재가 사라진다고 보고 있습니다. 결국 뇌가 사라지면 나의 존재 역시 사라진다는 것이지요.

나라는 자아가 계속 존재하는 데는 크게 두 가지 방법이 있습니다. 하나는 이른바 말코비치 버전으로 뇌 안의 정보를 읽어 다른 사람의 뇌 안에 집어넣는 것입니다. 다른 하나는 다른 사람의 뇌가 아닌 기계에 집어넣는 것입니다. 이와 관련해 커즈와일은 특이점singularity이라는 개념을 강조했습니다. 커즈와일이 말한 특이점에는 두 가지가 있습니다. 인간과 비슷한 인공지능이 존재할 수 있다는 것, 그리고 뇌를 업그레이드할 수 있는 기술이 있다는 것입니다. 이 분이 원하는 것은 인공지능에 자신의 자아를 업로드하는 것입니다.

이집트 사람들이 피라미드와 미라를 만든 것은 영원히 살기 위해서였습니다. 몸이 영원히 보존되면 영생할 수 있다는 것이었습니다. 비슷한 사례를 지금도 찾아볼 수 있습니다. 몸을 냉동시켜 영원히 보존해주는 알코르Alcor라는 회사가 그것입니다. 현재 실리콘밸리 CEO 중 25퍼센트가 그 회사의 멤버라고 합니다. 현대의 고민이 피라미드 시절의 고민으로 다시 돌아간 것입니다.

## 가상 · 증강현실의 새로운 세상이 펼쳐지다

커즈와일의 생각은 다음의 논리적 과정으로 이루어져 있습니다. '나는 영원히 살고 싶다. 나는 사실 나의 자아다. 나의 자아는 뇌 안에 있다. 뇌 안 정보를 시뮬레이션하면 영원히 살 수 있다.' 한마디로 뇌를 휴먼 커넥톰을 통해 완벽히 이해하고 뇌 속 정보를 시뮬레이션할 수 있다면 영원히 살 수 있다는 것입니다. 자아가 정보라면 포맷되는 것이 내 머릿속이든 컴퓨터든 그 정보만 유지되면 된다는 것이지요.

그런데 여기서 궁금증이 생깁니다. 시뮬레이션된 자아는 여전히 나의 자아일까요? 컴퓨터에 업로드된 커즈와일의 자아는 여전히 커즈와일의 것일까요? 인간의 커넥톰, 즉 $10^{15}$개의 시냅스를 완벽하게 판독해 시뮬레이션한 뒤 시뮬레이션된 세상에서 행동을 한다면, 이것은 사람인가요? 아니면 새로운 자아인가요? 완벽하게 시뮬레이션된 사람의 커넥톰을 인정한다면 과연 그에게 투표권을 주어야 할까요?

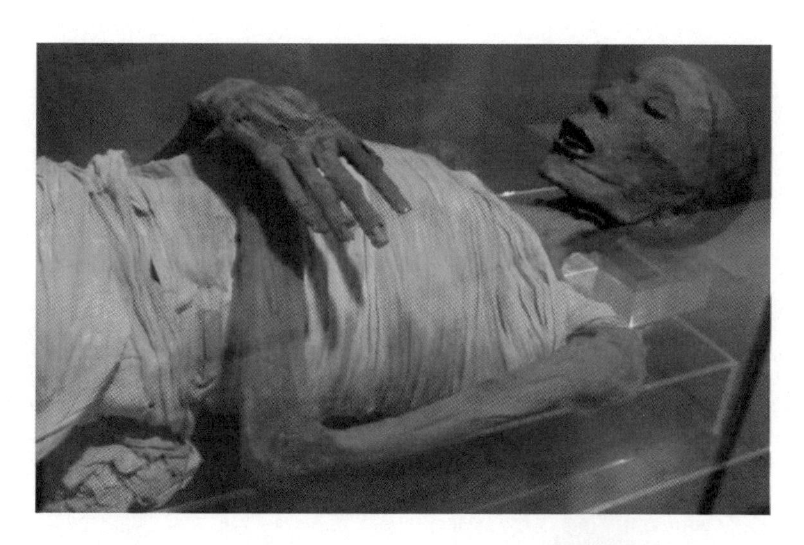

ALCOR
LIFE EXTENSION
FOUNDATION
SINCE 1972
www.alcor.org

# 5강

# 뇌과학자가 철학의 물음에 답하다

우리 모두는 138억 년 전 우주가 창조된 후
호모 사피엔스의 불패의 성공 덕분에 이 자리에 있는 존재다.
그러나 우리는 이를 가능하게 한 뇌라는 기계의 매뉴얼을
이제껏 한번도 읽어보지 않고 살아오지 않았던가.
뇌과학은 한마디로 뇌라는 기계의 작동 원리, 바로 그 매뉴얼이다.
그러므로 존재의 의미를 탐문하는 철학의 물음에도
그 매뉴얼에 입각한 답을 내놓을 수밖에 없다.

# 01

## 뇌과학으로 본 '나'

## 생각의 프레임을 바꾸는 방법

제가 결국 여러분에게 전달하고 싶었던 것은 뇌라는 기계의 매뉴얼이었습니다. 태어날 때부터 가지고 있었던 그 기계에 대한 매뉴얼을 여러분은 아직까지 한번도 읽어보지 않고 살아왔습니다. 저는 이 책에서 그 뇌 또는 자아에 대한 매뉴얼을 드린 것입니다. 한마디로 뇌라는 기계가 본질적으로 어떻게 작동하는지에 대한 정보를 알려주고자 한 것이지요. 뇌과학은 간단히 말하면 바로 그 매뉴얼이라고 할 수 있습니다.

문_지금까지 설명하신 것이 뇌의 매뉴얼이라면, 그 매뉴얼이 있는 뇌라는 디바이스가 너무 허무하지 않나요?

답_그렇지 않습니다. 과학을 허무하다고 보는 것은 본인의 해석에 불과합니다. 과학은 사실을 전달해줄 뿐이고, 그것을 알고 어떻게 살아갈지는 본인의 선택에 달렸습니다. 예를 들어보겠습니다. 저와 절친한 이론 물리학자가 있습니다. 그분이 말씀하시길 양자 역학을 처음 배우고 어느 정도 이해하고 나서는 길거리를 걸어다닐 수가 없었다고 합니다. 발을 내디딜 때마다 물체들이 가라앉을까봐 무척 무서웠다는군요.

뇌과학도 마찬가지입니다. 처음 뇌과학을 시작했을 때, 저 역시 뇌의 작용이 대부분 착시나 착각에 불과하다면 이것을 어떻게 받아들여야 할지 고민했습니다. 하지만 지금은 그런 걱정 없이 잘 적응하고 살아갑니다.

일상생활에서는 그런 것을 다 생각할 필요도 없고 해서도 안 됩니다. 그러다간 사람이 미칠 수도 있으니까요. 다만 인생에서 정말 중요한 결정을 내려야 할 때, 그 선택을 내리는 기계의 본질을 이해하면 조금 더 현명한 선택을 할 수 있지 않을까요?

물론 우리의 정보를 받아들이는 기계에는 버그, 즉 위험성이 분명 있습니다. 어떻게 보면 저는 이제껏 매뉴얼보다는 버그 리스트를 전달했다고 생각하고 싶습니다. 구체적으로 여러분이 처한 상황에서는 어떤 버그가 있는지 저로서는 알지 못합니다. 여러분의 머릿속에서 어떤 일이 벌어지는지 모르니까요. 다만 버그 리스트를 알게 되면 버그를 조금은 피할 수 있지 않을까 하는 기대를 갖고 있습니다.

문_아무리 생각해봐도 저는 현실이란 존재하지 않는 것 같습니다. 어떻게 생각하시나요?

답_현실은, 세상은 존재한다는 것은 증명할 수 없는 가설입니다. 현실이 존재하지 않는다는 것은 눈에 보이는 모든 것이 상상의 산물이라는 뜻이지요. 이것은 논리적으로나 실험적으로나 부정하기 어렵습니다. 이와 유사한 검증하기 어려운 내용은 수도 없이 만들어낼 수 있습니다. 우주가 2초마다 사라지고 새로 만들어진다고 합시다. 그때마다 우리 머릿속 기억도, 화석과 공룡 뼈도 새로 만들어진다고 합시다. 이것은 검증할 수 없습니다. 어쩌면 맞을지도 모르지요.

저는 이런 논쟁이 무의미하다고 생각합니다. 세상은 존재하지 않으며 모든 것은 내 머릿속에 있다…. 그래서? 하는 생각이 듭니다. 세상이 존재하지 않으며 내가 상상하는 것일 뿐이라면 사는 게 재미없을 것 같습니다. 이 세상에는 나도 있고 나와는 다른 존재들도 있다고 믿고 싶습니다. 이렇게 현실은 존재하되 다만 우리 인간에게는 육체적 한계라는 주어진 조건이 있습니다. 우리에게는 세상을 스캔할 수 있는 채널도 있지만, 스캔할 수 없는 채널도 있습니다. 다만 육체적 한계로 보지 못하고 느끼지 못하는 것들이 많다는 뜻이지요. 이 한계 속에서 현실을 이해하고 받아들일 수밖에 없습니다.

문_고대의 영웅 서사시를 보면 대체로 패턴이 정해져 있습니다. 영웅이 되기 위해서는 자신의 일상을 낯설게 만드는 시간이 필요하다고 합니다. 대부분의 사람들이 자신에게 익숙한 환경에 안주하고 일생을 사는데, 결국 그것은 남들이 만들어낸 틀이라는 것이지요.

고대의 영웅들은 주어진 틀에서 벗어나 먼 길을 떠나 비유적인 죽음을 경험한 다음, 새 힘을 얻어 위대한 영웅으로 다시 태어납니다. 그렇다면 현대에 사는 우리는 어떻게 자신에게 진실해지는 경험을 할 수 있을까요?

답_MIT에 있을 때였어요. 제게는 누나가 둘 있는데 한국에서 전화가 왔습니다. 어머니가 위독하니 한국에 좀 왔으면 좋겠다는 얘기였어요. 그때는 중요한 실험을 하고 있어 갈 수가 없었는데, 솔직히 지금은 무슨 실험이었는지 기억도 나지 않습니다. 그러나 당시에는 정말 중요하다고 생각했습니다. 일주일 지나고 나서 다시 위독하시다는 전화가 왔어요. 한국에 갔을 때 어머니는 이미 의식이 없으셨습니다.

병원에서 어머니를 뵈니 신기한 생각이 들었습니다. 저기 계신 분이 분명 제 어머니 같은데, 누군지를 모르겠더군요. 분명히 당신 배에서 제가 만들어지고 태어났는데, 당신이 독립적인 사람으로서 어떤 생각을 했고, 어떤 희망을 가졌으며, 어떤 인생을 살다가 지금 이 인생의 끝자락에 와 있는지 하나도 모른다는 것을 그제야 깨달았습니다. 죽어가는 어머니를 보며 지적으로는 제 어머니라는 사람임을 알아도 감성적으로는 누구인지 도저히 모르겠다는 깨달음을 얻는 순간이었지요. 바로 그 순간 저는 또 한번 태어난 것 같습니다.

이후의 제 인생은 마치 두 개로 나눠진 것 같았습니다. 현실에서는 엄청난 슬럼프가 왔습니다. 1년 동안 실험 한번 안 하고 일도 엉망진창이었지요. 거기서 헤어나오는 데 오랜 시간이 걸렸는데, 또 한편으로 인간적으로는 더 성장한 것 같았습니다. 그렇다고 저처럼 불효막심한 아들이 되라는 얘기가 아닙니다. 우리가 어떤 경험을 통해 자신에게 진실해지는지는 아무도 모릅니다. 다만 어느 정도 패턴은 있을 텐데, 우리가 날마다 마주하는 일상생활에서는 그런 경험을 할 확률이 매우 낮습니다. 공간적으로 이동하든가 지적으로 이동하든가 아니면 마음이 다른 어딘가로 이동하든가, 하여튼 어딘가로 가야 한다는 것이지요. 이는 고대의 영웅이 탄생하는 방식과 다르지 않습니다.

어렸을 때는 저도 부모님이 만들어놓은 아바타의 자아 안에서 똑똑하다, 공부 잘한다 같은 말을 들으며 자라왔습니다. 그 유리벽은 일상생활에서는 하기 힘든 경험을 할 때 비로소 깰 수 있었다고 생각합니다. 경험의 패턴은 남이 가르쳐줄 수 있지만 그것을 어떻게 실천할지는 본인이 결정해야겠지요. 어느 날 훌쩍 아프리카에 갈 수도 있고, 한국에서 완전히 다른 생각을 하며 살 수도 있습니다. 과학적 근거는 없지만, 신화 시대부터 우리의 삶을 보면 항상 무엇인가 특별한 경험을 하거나 유리벽을 깨고 멀리 갔을 때 자아가 성장한다는 것을 알 수 있습니다.

문_유리벽 속 자아를 잃는 경험을 했을 때 직업적으로 크나큰 슬럼프를 겪었다고 하셨는데요. 신화에 빗대어 말해보면, 어딘가로 떠났을 때 '이때쯤 돌아가면 되겠다'는 생각이 드신 것은 언제였나요?

답_영웅 서사시에서도 떠남과 귀환은 계속 반복됩니다. 사실 '돌아간다'는 것은 없습니다. 헤라클레이토스Heracleitos가 "만물은 유전한다"고 했듯이, 모든 것이 흐르고 적어도 자기 자신은 변했기 때문입니다. 원래 자리로 돌아가려 해도 돌아간 곳은 이미 예전의 그곳이 아닙니다. 내가 이미 다른 사람이 되었기 때문이지요. 그래서 떠나왔던 곳과 비슷한 곳으로 왔다 해도 전혀 새로운 곳, 다른 곳으로 가 있는 것이 됩니다.

말하자면 떠남과 귀향의 과정은 선형이 아니라 나선형이라 할 수 있습니다.

저도 30년 동안 외국에서 살다가 언제인지는 정확하게 기억나지 않지만 어느 순간 한국으로 돌아가야겠다는 느낌이 들었습니다. 예전에는 한국에 올 때면 친척들도 여기에 살고 일도 있으니까 좋긴 했는데, 떠날 때는 더 좋았습니다. 더 좋은 나라로 가는구나 하며 신이 났습니다. 그러다 어느 순간 활주로에서 비행기가 이륙하는데 더 이상 좋지가 않았습니다. '여기 있어야 할 것 같은데 왜 가지?'라는 생각이 들었고, 바로 미국에 가서 사표 내고 왔지요. 그렇게 한국으로 돌아왔는데, 신기하게도 이곳은 제가 30년 동안 꿈꾸던 고향은 아니었어요. 한국도 변하고 저도 변한 탓에 공간은 일치했지만 시간이 맞지 않았던 것이지요. 한동안은 붕 떠 있는 느낌으로 살았습니다. 이것은 어쩔 수 없는 과정인 것 같습니다. 인생은 컴퓨터에서의 '되돌리기undo'처럼 완벽하게 되돌릴 수는 없는 것이 아닐까 합니다.

문_유리벽 속 자아를 잃는 경험이 나쁜 것만은 아닌 것 같습니다. 유리벽 속 자아를 잃는다는 것은 유리벽 너머로 자아가 확장되고 나아가 독립적인 자아가 되는 것이기도 하니까요. 그렇다면 우리가 일상생활에서 유리벽을 깨고 독립적인 자아가 될 수 있는 방법이 있을까요?

답_자아가 무엇인지에 대해서는 뇌과학에서 많은 연구가 이루어지고 있습니다. 뇌과학을 통해 어떻게 하면 독립적인 자아를 얻을 수 있는지 약간의 힌트는 얻을 수 있습니다. 나라는 존재는 분명 여기에 있습니다. 그런데 자아가 어디에 있는가라는 질문으로 들어가면 상당히 애매모호해집니다. 대강 뇌의 어디쯤이 아닐까 생각하지만, 어린아이들한테 물어보면 자아가 어디 있는지 모릅니다. 앞서 말했듯이 그리스 사람들은 자아가 심장에 있다고 생각했습니다. 생각을 하거나 무엇인가 자극을 받을 때 가장 먼저 반응을 보이는 신체 부위가 심장이었기 때문이지요.

과학적인 관점에서 설명해보면, 갓 태어난 아기는 눈으로 세상을 접합니다. 그들은 세상과 자신의 경계를 모릅니다. 눈에 세상이 보일 뿐, 팔을 이렇게 흔들면 이것은 자기이고 저것은 세상이라는 것을 모른다는 것이지요. 그렇다면 언제부터 자기의 경계선을 찾아낼까요?

다양한 이론이 있는데, 가장 신빙성 있는 이론으로 예측 코드라는 것이 있습니다. 예컨대 팔을 움직이는 동작은 어렸을 때 머릿속에서 무작위로 만들어집니다. 뇌 안에서 만들어지기에 팔이 움직이는 그 궤적을 이미 알고 있다는 것이지요. 그리고 팔이 움직이도록 지시할 때 동시에 소뇌에서 한번 시뮬레이션을 한다고 합니다. 그러면 팔을 진짜 움직이기 전에 그 팔을 움직였을 때 자기 눈에 무엇이 보이는지를 조금은 예측할 수 있습니다.

이런 식으로 세상을 볼 때, 세상의 픽셀 중에는 예측 가능한 포인트가 있는가 하면 예측 불가능한 포인트도 있습니다. 계속해서 세상을 보다 보면 계속 예측 가능한 포인트가 바로 '나'입니다. 반대로 예측 불가능한 것은 세상이고요. 이런 방식으로 세상과 자아가 나뉜다고 알려져 있습니다. 실제로 실험을 해보면, 사람들은 자신이 제어할 수 있고 예측할 수 있는 시간과 공간적인 거리를 '나'라고 느낍니다.

캘리포니아 대학의 마이클 머제니치Michael Merzenich 교수는 원숭이를 대상으로 한 가지 실험을 했습니다. 갓 태어난 원숭이의 손에 나무 막대기를 묶어 어디까지 자아로 여기는지 알아보았지요. 실험 결과 원숭이 몸의 끝은 손가락 끝인데, 제어할 수 있는 것의 끝은 나무 막대기의 끝으로 나타났습니다. 손을 제어하는 뇌의 신경세포 영역이 확장된 것으로, 이것을 자아 확장이라고 부릅니다.

스위스 로잔 공과대학에서도 이와 같은 실험을 많이 했습니다. 약물로도 치료할 수 없을 만큼 심각한 통증을 느끼는 환자들에게 가상현실 고글 같은 것을 씌워놓고, 아바타처럼 몸이 좋아져서 훨훨 뛰어다니는 자신을 보여줍니다. 그렇게 자아를 확장해주면 곧바로 통증이 사라진다더군요.

앞서 이야기한 라마찬드란의 환상통 실험도 유명합니다. 설명했듯이 예를 들어 팔이 잘려 없는데도 팔에 계속 통증을 느끼는 것을 환상통이라 합니다. 라마찬드란은 한쪽에 거울을 달아서 팔이 잘린 자리에 반대편 팔이 반사되게 했습니다. 잘린 팔 쪽을 보면 이쪽 반사된 팔이 보여 마치 팔이 그 자리에 그대로 있는 것처럼 보이는데, 이 순간 거짓말처럼 통증은 사라집니다.

결과적으로 우리들 뇌가 예측할 수 있는 시간과 공간의 한계가 '나'라고 생각하는 것, 그것이 바로 자아가 만들어지는 과정이라는 것입니다.

우리는 수십 년 동안 훈련해온 덕에 이미 예측 코드가 다 만들어져 있습니다. 내 엉덩이의 한계가 어디인지를 아니까 의자에 앉을 수 있지요. 문제는 예측 코드를 자신이 만든 것이 아니라 주변에서 만들어주었다는 것입니다. 우리가 늘 독립적으로 생각하고 행동하지 않는 이유입니다. 이렇게 '나 더하기 DNA 더하기 환경'이 만들어놓은 한계 안에서 계속 살면 편하기는 합니다. 하지만 독립적인 자아가 되기는 어렵습니다.

그렇다면 어떻게 해야 독립적인 자아를 만들 수 있을까요? 예측 가능한 세상에 잡음을 집어넣음으로써, 예측 코드로는 더 이상 예측할 수 없는 상황을 만드는 것이 방법입니다. 예측할 수 없는 상황은 그전에 배워두었던 툴 박스로는 분석할 수 없으니 새로운 툴 박스들이 생길 것입니다. 이 새로운 툴 박스가 바로 독립된 자아가 아닐까요.

저는 어릴 때부터 공부를 잘했고 주변에서도 제가 모든 것을 통제할 수 있다는 믿음을 계속 심어준 것이 저의 한계가 되었습니다. 그런데 어머니가 돌아가시는 상황은 제가 제어할 수 없는 조건, 예측 코드가 더 이상 먹혀들지 않는 조건이었습니다. 그러다 보니 그런 조건하에서 저라는 자아의 시스템이 리셋되지 않았을까 생각해 봅니다.

뇌과학적인 관점에서 보면 대한민국 현실에서는 거의 모든 것이 예측 가능합니다. 바깥에 나갔을 때 택시를 잡아 집에 갈 수 있다는 것은 누구나 예측할 수 있습니다. 그런데 문을 열고 나갔는데 블랙홀이나 사막이 펼쳐진다면? 그러면 독립적인 자아가 생길 것입니다. 이처럼 예측이 불가능한 프로세스를 많이 만들어주면 그 문제를 해결하기 위해 새로운 도구들이 만들어지고, 그렇게 만들어진 도구들의 합집합이 새로운 독립적 자아가 되는 것이 아닐까요?

문_영화 〈그녀Her〉를 보면 인간을 사랑에 빠지게 하는 인공지능 기계가 등장합니다. 사실 우리 인간은 몸의 욕구에 따라 행동하는데 영화 속 인공지능 기계는 욕구라는 것 자체가 없는 것 같습니다. 그렇다면 우리가 지금 생각하는 자아와 그들이 생각하는 자아는 완전히 다른 층위에서 존재한다고 볼 수 있을까요?

답_그럴 수도 있겠지요. 한번도 육체를 가져본 적 없는 존재는 욕구가 없으니 고통도 느낄 수 없겠지요. 다만 과거에 몸을 가져본 적이 있는 사람은 다를 것 같습니다. 예를 들어보겠습니다. 모든 운동세포가 죽어 자기 몸속에 갇혀 있는 사람들이 있습니다. 손가락 하나 까딱 못하고 눈동자도 움직이지 못합니다. 스티브 호킹Stephen Hawking 같은 분이 그렇지요.

하지만 이분들의 머릿속에서 일어나는 생각은 보통 사람과 다르지 않습니다. 몸의 욕구 역시 다르지 않습니다. 달리고 싶고 맛있는 것을 먹고 싶고 연애하고 싶은 욕구는 여전히 존재합니다. 다만 몸을 움직이지 못할 뿐이지요. 욕구에 맞춰 행동하지 못하는 부분이 무척 고통스러울 것 같습니다.

# 02

## 뇌과학으로 본 '우리'

## 타인과 소통하는 방법

우리는 모두 138억 년 전 빅뱅이 생기고 나서 지금까지 단 한 번도 실패하지 않았기 때문에 지금 여기에서 살고 있는 것입니다. 우리의 조상이 한 명이라도 실패했다면 진화의 고리는 끊어졌을 것입니다. 우리 모두는 우주가 창조되고 지금까지 이어져온 불패의 성공, 138억 년 동안의 어마어마한 노력으로 여기까지 온 존재입니다. 그러니 자부심을 가져도 됩니다.

문_자연과학자나 공학자들처럼 항상 계량하는 작업을 하는 사람들이 약한 인공지능이 발전해도 자신의 직업을 유지할 수 있을까요?

답_저는 어느 직업은 유지되고 어느 직업은 사라진다는 얘기는 상당히 어린아이 같은 생각이라고 봅니다. 인공지능 쪽 예측을 보면, 기계가 인지 자동화되면 화이트칼라 직업들은 사라지고 창의적인 직업들은 살아남는다고 합니다. 살아남는 직업 리스트에는 방송 작가도 있어요. 그런데 정말 그럴까요? 어떤 일을 하느냐보다는 어떻게 일을 하느냐가 더 중요합니다. 20~30년이 지나고 인공지능 기계가 현실화된 때를 상상해보겠습니다. 드라마 작가를 예로 들어보면, 재벌 3세가 나오고 출생의 비밀이 있고 주인공이 암으로 죽는 내용은 이미 DB에 수천 편이 있을 것입니다. 그러니 그런 식의 뻔한 내용이라면 방송국 딥러닝deep learning 기계가 하루에 1만 편도 쓸 수 있을 것입니다. 즉 방송 작가가 살아남으려면 새로운 것을 써야 한다는 얘기지요.

저는 이런 의미에서 인지 자동화 기계가 우리 인간에게 본질로 되돌아갈 수 있는 자유를 준다고 생각합니다. 창의적인 직업인 교수에게 특히 그렇습니다. 처음 교수가 되었을 때 저는 매일매일 새로운 일을 하겠다는, 즉 자연에 대해 새로운 것을 찾아내겠다는 생각을 했습니다. 그런데 막상 현실에서는 날마다 거의 똑같은 일을 합니다. 제 강연 또한 똑같은 얘기들이 온라인에 쌓이면 20년 후에는 딥러닝 기계가 제 강연을 저보다 더 잘할 수 있게 되겠지요.

저도 그러한 세상에서 살아남으려면 새로운 강연을 해야 합니다. 딥러닝 인공지능 기계가 생기면 어쩔 수 없이 창의적일 수밖에 없습니다. 인공지능은 결국 우리의 생존을 위협할 수 있다는 점에서, 우리 모두가 다시 한번 훨씬 더 창의적인 삶을 살아야 하는 이유를 만들어줍니다. 창조와 창의력이 멋있는 선택이 아니라 필수가 된다는 것이지요.

문_창의나 창조가 선택이 아닌 필수적인 일상이 되었을 때 참된 창의라는 것은 무엇일까요?

답_지금으로서는 잘 모르겠습니다. 미래 예측은 쉽게 해서는 안 된다고 생각합니다. 1960년대에 TCP/IP라는 프로토콜이 생기고 인터넷이 시작되었을 때 그것으로 무엇을 할 수 있을지 상상이나 했을까요? 상상해봤자 편지를 보낼 수 있다는 정도였겠지요. 인간의 뇌는 항상 선형적으로 미래를 예측합니다. 사실 우리가 이야기하는 미래는 미래가 아니라 좀 더 나은 현재일 뿐입니다. 현재를 미래에 투영하는 것이지요. 우리 뇌는 급격한 변화는 잘 이해하지 못합니다.

보드 게임 중에 젠가Jenga라는 것이 있습니다. 나무 블록을 탑처럼 쌓아놓고 하나씩 빼다가 무너지면 지는 게임이지요. 그런데 10개를 뺐는데도 탑이 무너지지 않는 상황에서, 열한 번째 나무 블록을 빼며 그것이 무너질 거라고 상상할 필요는 없습니다. 과거의 데이터를 보면 나무 블록 10개를 뺐는데도 무너지지 않았으니까요. 바로 이것이 전통적인 선형적 사고방식입니다.

반면 나무 블록 10개를 빼도 무너지지 않았는데, 다시 하나를 빼는 순간 그것이 티핑 포인트tipping point라면 한꺼번에 무너질 것입니다. 이른바 비선형적 사건으로, 인간은 이것을 잘 예측하지 못합니다.

저는 공학적으로 인공지능 시대가 20~30년 뒤에 올 것으로 생각합니다. 이렇게 지적으로는 생각하지만 잘 느끼지는 못합니다. 그런 큰 변화가 나타날 때 참된 창의라는 것이 무엇일지는 그 세대가 결정해야 한다고 생각합니다. 현재가 미래의 생활방식을 정의할 권리는 없기 때문입니다. 만약 현재가 미래의 인생을 정의한다면, 마찬가지로 현재의 인생도 과거의 사람들이 정의해준 대로 살아야 공평하겠지요. 즉 하나의 특정 시간이 다른 시간을 정해줄 필요도 이유도 없다는 뜻입니다.

미국에서 하버드 법대 다니는 친구들과 토론할 때 이런 이야기가 자주 나왔습니다.

"왜 250년 전 버지니아 주에서 백인 남자 30명이 만든 시스템을 진리로 믿고 살아야 하나? 왜 그들이 미국의 미래를 정의해야 하나?"

그렇습니다. 저는 과거가 현재를 지배해서도, 현재가 미래를 지배해서도 안 된다고 생각합니다. 다만 현재의 우리는 미래 세대가 원하는 것을 스스로 찾을 수 있는 조건을 만들어줄 필요는 있습니다. 어떻게 살아야 할지를 결정하는 것은 우리의 권리가 아닙니다. 우리가 보기에 지금 흐름으로는 미래 사회에서 교육도 제대로 받을 수 없고 원하는 것을 찾기도 어려울 것 같다면, 그 조건은 우리가 바꿔줄 수 있겠지요. 다만 그 조건을 가지고 무엇을 할지는 미래 세대가 스스로 결정하도록 해야 합니다.

문_이렇게 급속하게 변화하는 세상에서, 창의가 일상이 된 세상에서 어떻게 살아가야 할까요?

답_과학자이자 공학자로서 저는 좀 창피합니다. 우리 기술이 아직 초보적인 수준에 있다 보니 우리는 영원히 지구라는 촌스러운 혹성을 떠나지도 못하고 블랙홀이 어떻게 생겼는지 보지도 못합니다. 광대한 우주의 신비를 경험하지 못한 채 개미처럼 바글바글 살다 사라질 뿐이지요. 이 촌스러운 사람들 중에서 자신만은 유일하게 세련된 사람이 되려 화성에 가겠다는 머스크 같은 사람도 있지만, 우리는 이 지구를 결코 벗어날 수가 없습니다.

게다가 138억 년이라는 우주의 시간 중에서 우리가 경험할 수 있는 시간은 고작 70~80년뿐입니다. 특히 대한민국 현실에서는 스무 살이 되기 전에는 독립된 자아로 인정받지 못하고, 서른 살이 넘으면 삶의 무게에 짓눌려 자유롭고 독립적인 삶을 살기가 어렵습니다. 결국 독립적인 자아로 세상을 경험하고 행동할 수 있는 시간은 10년뿐이라는 얘기입니다. 제가 지금 이 우주에서 가장 소중한 시간인 그 10년을 살고 있다면 무엇이든 질러보겠습니다.

대니얼 데닛Daniel Dennett의 『직관 펌프, 생각을 열다Intuition Pumps and Other Tools for Thinking』에서는 성공할 수 있는 생각의 비밀을 스물두 가지로 정리한 바 있습니다. 그중 첫째가 바로 실패입니다. 진화라는 것도 실은 실패의 꼬리 물기에 지나지 않습니다. 다양한 변이를 만들어 현실과 부딪치고 실패를 통해 살아남는 개체가 계속 발달해가는 것이지요. 그런데 대놓고 실패할 자유가 있는 것은 청춘의 10년밖에 없습니다. 그전에는 실패하려야 할 수가 없습니다. 부모나 주위 환경이 허락하지 않을 테니까요. 서른 살이 넘으면 어떨까요? 실패하기가 점점 더 어려워집니다. 더 이상은 온전히 자기 자신만의 인생이 아니기 때문이지요.

문_인류의 고전 또는 경전에도 절대적 진리가 담겨 있지 않다면, 그것을 꼭 읽어야 할 이유가 있을까요?

답_저는 공학자이다 보니 모든 것을 항상 예측 코드로 설명합니다. 만약 어떤 고전이 존재하지 않았다면 세상은 어떻게 변했을까 상상해봅시다. 대부분의 책이나 사람은 존재하지 않았다 해도 그다지 인류의 역사가 달라지지 않았을 것 같습니다. 즉 김대식이라는 존재가 지구에 없어도 내일은 예측할 수 있습니다. 오늘과 큰 차이가 없겠지요.

그런데 히틀러가 없었다면 어떨까요? 세상이 어떻게 변했을지 예측이 불가능할 것입니다. 예측 코드가 먹혀들지 않으니까요. 그런 개념에서 히틀러는 중요한 사람이라는 것입니다. 히틀러가 좋은 사람이라는 뜻이 결코 아닙니다. 마찬가지로 플라톤이 존재하지 않았다면 그다음에 세상이 어떻게 변했을지 예측하기가 무척 어렵습니다. 당시에는 엄청나게 많은 소피스트나 철학자들이 있었지만 우리가 그들의 이론을 고전이라고 꼽지 않는 것은, 그들이 없었다고 해도 큰 변화가 없었을 것 같기 때문이지요.

이런 관점에서 보면, 동양에서 고전이라고 생각하는 장자나 노자, 공자가 없었다면 동양 그리고 우리나라가 지금 어떤 모습을 하고 있을지 예측할 수 없습니다. 결론적으로 한 사람의 영역, 한 권의 책이 세상의 예측 확률을 낮춘다면 인류 역사에서 중요한 비중을 차지할 수 있습니다.

고전이 없는 세상을 상상해본다면 르네상스가 있었을지, 계몽주의가 가능했을지, 우리나라가 지금처럼 유교적인 사회일지 예측하기가 어려워질 테고, 이런 의미에서 그런 책들을 저는 고전이라고 보고 싶습니다. 즉 그것들이 존재하지 않았다면 현재 내 모습이 어떨지 상상할 수 없기에 고전을 읽어야 한다고 생각합니다.

문_개인의 성숙이 어떻게 일상생활과 연결될 수 있는지, 다시 말해 일상생활에서 마주치는 사회적·구조적 문제를 어떻게 개인의 성숙으로 바꿀 수 있는지 의문이 듭니다.

답_나는 나 자신이라는 독립적인 자아를 가질 수 있는데, 그렇다면 우리 사회는 어떻게 업그레이드할 수 있느냐는 질문으로 들립니다. 사회는 결국 사람들의 합집합이지요. 그렇다면 독립적인 자아를 가진 사람이 많아질수록 자연스럽게 독립적인 자아를 가진 사회가 될 것이라고 가설을 세워볼 수 있습니다.

인류의 역사에서는 그 어떤 아이디어든 한 사람의 머릿속에서 시작되었습니다. 예를 들어 지구는 둥글다는 생각은 어느 한 사람의 머리에서 시작되어 퍼진 것이죠. 리처드 도킨스가 말한 밈meme, 즉 생각의 바이러스가 이런 개념에 해당하는데, 그 생각의 바이러스는 어느 것도 수천만 명이 동시에 시작한 적이 없습니다. 한 명에서 시작되어 두 명, 세 명, 서른 명으로 퍼져나갑니다. 그러니 여러분은 독립된 자아를 가지고 성공적인 인생을 그냥 살아가면 됩니다.

성공적인 인생이란 머스크처럼 큰 기업을 만드는 것을 의미하지 않습니다. 그냥 행복하면 됩니다. 돈을 아주 많이 벌든 멋진 책을 쓰든 간에 행복하게 살아가기만 하면, 주변 사람들이 어떻게 그렇게 행복할 수 있는지 궁금해할 것입니다.

그럴 때 그냥 독립적인 자아를 가지면 된다고 얘기하면 됩니다. 사람은 성공을 모방하기 마련이니 이것이 생각의 바이러스가 퍼지는 가장 쉬운 방법입니다.

문_자아는 머릿속 뇌의 정보라고 말씀하셨는데, 그렇다면 그 정보를 잘 유지만 하면 진짜 영생이 가능할 것도 같습니다. 어떻게 해야 영원히 살 수 있을까요?

답_현재로서는 답이 없습니다. 다만 영생을 말하고 연구하는 사람들의 생각이 허무맹랑한 얘기는 아닙니다. 가능하다고 할 수도 없지만 불가능하다고 할 수도 없을 것 같습니다. 이것의 보상은 나라는 존재가 영원히 존재한다는 것입니다. 그래서 시도를 안 할 이유가 없습니다. 안 해도 나는 죽고 자아는 어차피 수십 년 뒤에는 사라집니다.

이 우주에 나라는 자아는 두 번 다시 등장하지 못합니다. 내가 나라고 생각하는 나라는 존재, 다른 사람이 아닌 유니크한 바로 나 자신이라는 조합은 이 우주에 다시는 없습니다.

물론 양자 역학에서는 일어날 수 있는 일은 다 일어날 수 있기에 가능할 수도 있겠지요. 예컨대 평행 우주에서는 있을 수도 있겠지요. 하지만 우리가 사는 현실에서 이 기회는 두 번 다시 오지 않습니다. 우주가 존재하든 안 하든 내가 없어지면 아무런 의미가 없습니다.

그렇기 때문에 나의 관점에서 나는 나라는 자아로 최대한 오래 세상을 바라보고 인식하고 싶은 것입니다. 그럴 수만 있다면 다른 사람의 몸을 빌리든 원숭이 머릿속에 들어가든 인공지능에 나를 맡기든 상관없다는 것이지요. '나는 손톱이다, 고로 나는 존재한다'가 아니라, '나는 생각한다, 고로 나는 존재한다'는 식으로 존재하고 싶은 것입니다. 생각할 수 있는 나라는 존재만 있다면 나머지는 다시 만들어낼 수 있으니까요.

하지만 현재로서는 가능하지 않은 시나리오입니다. 지금으로서는 뇌가 망가지면 자아는 그냥 사라져버립니다. 나라는 자아로 살아갈 기회는 두 번 다시 오지 않습니다. 아무리 열심히 살아도 한 순간에 다 지워져버립니다. 이런 것이 싫고 억울해서 미라와 피라미드가 만들어진 것이지요. 이것이 지금까지의 인류의 운명이었습니다.

가능하면 영원히 살고 싶었지만 아무리 발버둥쳐도 불가능했습니다. 그래서 체념하고 종교와 신화, 철학 같은 믿음의 체계를 만든 것이지요. 그런데 뇌과학과 인공지능이 좀 더 발달하면 영생이 전혀 불가능할 것 같지는 않습니다.

어쩌면 우리는 운이 안 좋은 시대를 산다고도 볼 수 있습니다. 아주 과거에는 나라는 존재가 영원히 천국에 있을 수 있다는 종교적인 믿음을 가졌습니다. 사실 천국이 아니라 지옥이라 해도 그냥 소멸되어 무無가 되는 것보다 그곳에 있는 편이 좋지 않을까요? 무가 되면 아무것도 느끼지 못하지만 지옥에 있으면 고통이라도 느낄 수 있을 테니까요. 물론 천국에서 하프 치고 노래하며 즐겁게 살면 더 좋겠지요. 어쨌든 사후의 세계를 믿었던 때는 나름대로 행복했습니다.

문제는 현재를 살아가고 있는 우리입니다. 우리는 죽음의 죽음이 올 수도 있구나라는 생각을 처음으로 조금씩 하기 시작하는데 곧바로 죽어야 합니다. 처음으로 기술적으로 죽음을 극복할 수 있겠구나라는 생각을 하기 시작했는데 막상 죽어야 합니다. 100년 뒤에만 태어났어도 죽음이 없는 현실을 경험할 수도 있을 텐데 안타깝지요. 영생은 완전히 불가능해 보이지는 않지만 그렇다고 현재 가능할 것 같지도 않습니다. 젊은 분들에게는 기회가 있을지도 모르지요. 커즈와일은 48년생인데 40년만 있으면 그런 세상을 경험할 거라는 생각에 매일 몸에 좋은 약을 수십 개씩 먹는다고 합니다. 그 때문인지는 모르지만 몸이 상당히 안 좋다더군요.

문_지금까지 말씀하신 것은 정신의 영생인 것 같습니다. 제가 꿈꾸는 것은 생물학적 영생인데요, 이것이 가능할까요? 또 정신적 영생과 생물학적 영생 둘 중 하나를 선택할 수 있다면 어떤 것을 선택하고 싶으신지요?

답_생물학적 영생은 꿈꿔봤자 소용이 없습니다. 불가능하기 때문이지요. 육체와 정신 모두를 가진 영생과 정신적인 영생 둘 중 하나를 고르라고 해도, 저는 정신적인 영생을 택할 것 같습니다. 육체는 지금까지 썼던 것을 재활용해야 하는데, 저는 제 몸의 한계를 알기에 새로운 육체를 시도하고 싶어요. 옷도 맨날 바꿔 입고 음식도 다르게 먹는데 몸은 왜 못 바꾸고 똑같은 몸 안에 갇혀 살아야 하나요? 이 몸은 제가 선택한 적도 없고 우연히 눈을 뜨니 이 몸이 되어 있는 것이잖아요. 기회만 된다면 좋은 몸으로 업그레이드하고 싶어요. 적어도 팔은 여덟 개였으면 좋겠고요. 운전하면서 휴대폰 통화하기가 어려워서요.

문_오래전부터 인간은 지속적으로 영생을 시도해왔습니다. 앞으로 어느 선까지 영생이 가능할까요? 실제로 영생하게 되었을 때 영생에 대해 어떤 생각을 가지게 될지도 궁금합니다. 나이가 들거나 정신적으로 문제가 생길 때 정신적 차원의 영생에 대한 사람들의 인식이 어떻게 바뀔지, 영생에 대한 추구가 계속 이어질 수 있을지 궁금합니다.

답_재미있는 질문입니다. 만약 미래에 우리가 로봇에 얹혀사는 식으로 영생이 가능해진다면 어떨까요? 어떤 분은 그렇게 되면 사람들이 다 자살할 거라고 말합니다. 저는 잘 모르겠습니다. 다만 영생은 안 좋을 것 같다는 생각은 아무런 의미가 없는 것 같습니다. 간혹 "머스크나 빌 게이츠도 행복하지 않을 것 같아"라고 말하는 사람들이 있습니다. 제가 볼 때 이 말은 잡스, 게이츠나 머스크 같은 부자로 살아보지 못한 사람들이 궁여지책으로 내놓는 자기 합리화인 것 같습니다. 적어도 제가 아는 글로벌 재벌들은 나름대로 매우 행복하게 사는 듯합니다. 재벌들로부터 기인한 불합리한 경제 시스템을 비판하지 말자는 얘기가 아닙니다. 남의 삶을 자기 삶을 합리화하는 도구로 삼지 말자는 것입니다.

마찬가지로 영생이 안 좋을 것 같다는 생각 역시 우리에게 선택의 여지가 없기에 어쩔 수 없이 하는 생각이 아닐까요? 즉 영생이라는 옵션이 불가능하기에 스스로를 위로하는 관점에서 하는 생각이 아닐까 합니다. 만약 100년 뒤 인간에게 영생이라는 옵션이 생긴다면 제 생각에는 누구나 영생을 택할 것 같습니다.

이야기는 이렇습니다. 포기는 나중에 해도 된다. 일단 살아보자. 살아보고 싫으면 그때 다른 것을 선택하자. 결론적으로 영생이라는 옵션을 택할 수만 있다면 택하지 않을 사람은 없을 것 같다는 것이 제 생각입니다.

이 책에 사용된 도판 중 일부는 저작권자를 확인할 수 없어 정식 협의 절차를 진행하지 못했습니다.
추후라도 연락해주시면 저작권 협의 후 합당한 조치를 취하겠습니다.

KI신서 6910

**인간을 읽어내는 과학**

**1판 1쇄 인쇄** 2017년 3월 6일
**1판 6쇄 발행** 2020년 10월 19일

**지은이** 김대식
**펴낸이** 김영곤 **펴낸곳** ㈜북이십일 21세기북스

**출판사업본부** 정지은
**디자인** 씨디자인
**영업본부 이사** 안형태 **본부장** 한충희
**출판영업팀** 김한성 이광호 오서영
**제작팀** 이영민 권경민

**출판등록** 2000년 5월 6일 제406-2003-061호
**주소** (10881) 경기도 파주시 회동길 201(문발동)
**대표전화** 031-955-2100 **팩스** 031-955-2151 **이메일** book21@book21.co.kr



ISBN 978-89-509-6910-3 03400

책값은 뒤표지에 있습니다.